互联网＋职业技能系列微课版创新教材

计算机
组装与维护
案例教程 微课版

沙旭 陈成 主编

徐虹 黄启明 副主编 / 王东 主审 / 张明 总顾问

人民邮电出版社

北 京

图书在版编目（CIP）数据

计算机组装与维护案例教程：微课版 / 沙旭，陈成主编. -- 北京：人民邮电出版社，2018.5（2021.5重印）
互联网+职业技能系列微课版创新教材
ISBN 978-7-115-47668-5

Ⅰ. ①计… Ⅱ. ①沙… ②陈… Ⅲ. ①电子计算机－组装－教材②计算机维护－教材 Ⅳ. ①TP30

中国版本图书馆CIP数据核字(2018)第001073号

内 容 提 要

　　本书是由计算机维护维修专家黄启明集多年丰富的教学经验和实践经验编写而成的。全书共分9章，主要包括计算机的识别、计算机的选购、制作启动U盘、安装操作系统、虚拟机的使用、个性化系统、病毒与木马、维护维修计算机、计算机的拆装与除尘等。

　　本书适合已有计算机和需要购买计算机的读者，以及计划从事计算机维护、维修行业的从业者。本书既可以作为计算机相关培训学校的教材，也可以作为广大自学者的自学教材。

◆ 主　　编　沙　旭　陈　成
　　副主编　徐　虹　黄启明
　　主　　审　王　东
　　责任编辑　刘　佳
　　责任印制　马振武

◆ 人民邮电出版社出版发行　　北京市丰台区成寿寺路11号
　　邮编　100164　电子邮件　315@ptpress.com.cn
　　网址　http://www.ptpress.com.cn
　　三河市君旺印务有限公司印刷

◆ 开本：787×1092　1/16
　　印张：11.5　　　　　　　　　　2018年5月第1版
　　字数：321千字　　　　　　　　2021年5月河北第9次印刷

定价：35.00 元

读者服务热线：(010)81055256　印装质量热线：(010)81055316
反盗版热线：(010)81055315
广告经营许可证：京东市监广登字 20170147 号

本书编委会

总顾问　张　明

主　编　沙　旭　陈　成

副主编　徐　虹　黄启明

主　审　王　东

编　委　束凯钧　陈小忠　裴　勇　吴元红　俞南生

　　　　孙才尧　陈德银　李宏海　王　胜　蒋红建

　　　　吴凤霞　王家贤　刘　雄　徐　磊　胡传军

参　编　孙立民　赵文家　刘方德　周清华

前言
Foreword

现在这个时代，无论是生活中还是工作中人们都离不开计算机。当需要购买计算机时，不可避免地需要安装系统、优化系统。偶尔计算机出了问题还需要进行维修。

本书以"实用"为宗旨来组织编写，全书共分为9章，第1章和第2章属于基本操作技能，主要讲解计算机的识别和选购；第3章至第6章属于中高级技能，重点讲解系统的安装与设置；第7章至第9章则向读者介绍计算机维护、维修的各种技能。

另外，针对书中讲解的一些重点、难点，读者朋友们可以通过扫描对应的二维码获取相应的视频教程。有需要请关注微信公众号hqmboy。该公众号网页中有相关的教学视频，其内容会不断丰富。如果您在阅读本书的过程中遇到问题，请您将问题发送至作者的邮箱36998003@qq.com，以便帮助您排除困惑，且帮助我们在以后的教材升级过程中提高质量。

由于编者水平有限，书中不妥与错误之处在所难免，望批评指正，编者不胜感激。

在本书的编写过程中，编者得到了新华教育集团和江西新华计算机学院诸多领导和同事的鼎力支持和帮助，也得到了家人的大力相助，在此一并表示感谢！

笔者真诚地希望通过阅读本书能够给您的学习带来一些收获，这也是写作本书的初衷所在，再次感谢您购买本书，祝您学习愉快！

编　者
2017年12月

目录
Contents

第1章

计算机的识别

本章导读

■ 坐在一台计算机前面，使用者是否真的认识它？是否知道它的性能如何？计算机能否满足使用者的需求？本章主要讲述如何识别计算机以及如何检测计算机。其目的是使读者能够了解计算机，并掌握利用各种计算机检测工具检测计算机。

■ 本章的最后安排了实训——给出计算机的检测报告，通过案例使读者进一步认识计算机，并掌握各种计算机检测工具的使用方法。

学习目标

■ 掌握计算机型号的识别
■ 掌握计算机配件及接口的识别和检测
■ 掌握计算机性能的检测

技能要点

■ 计算机型号的识别
■ 计算机检测软件的使用

实训任务

■ 检测一台计算机

效果欣赏

1.1 认识计算机的型号

本节将详细介绍如何识别一台计算机的型号，这是读者应该掌握的基本技能。

1.1.1 识别笔记本电脑型号

正规的笔记本电脑都会在其面板上标出产品型号，如图 1-1 所示。

正面标出的是产品所属系列"E40"
背面标出的是产品准确型号"E40-80"

图 1-1 笔记本电脑型号识别

型号一般是不会造假的，如果觉得不保险，可以进入 BIOS 系统查看，如图 1-2 所示。这种检测方式对于笔记本电脑和品牌台式机都有效。

Information	Configuration	Security	Boot	Exit

Product　　　Name：Lenovo V3000　　型号
BIOS　　Version：B0CN42WW
EC　　Version：B0EC42WW
MTM　　　　：80KV0000CD
Lenovo　　SN：PF05LE15　　　编号
UUID　Number：265487D2-64DC-11E4-B57F-F8A963236B5A

图 1-2 笔记本电脑型号识别

 主机编号是主机生产厂家给生产的计算机主机进行的产品编号，其作用相当于居民身份证的编号，在售后服务中这个编号很重要。一般来说，主机编号是以 NS、NA、ES、SS、FS、EA、BA 开头的一串字母和数字的组合，型号之中则包含有品牌的信息。

1.1.2 识别品牌台式机

很多品牌台式机主机背面、侧面或顶部都会有相应的标识，如图 1-3 所示。

图 1-3　品牌台式机型号识别

1.2　认识计算机的外部功能

本节将介绍如何识别计算机的外部接口，这是读者必需掌握的技能之一。

1.2.1　笔记本电脑的外部功能

各种笔记本电脑的外部结构大同小异，这里以联想 E40-80 为例，其外部结构如图 1-4～图 1-7 所示。

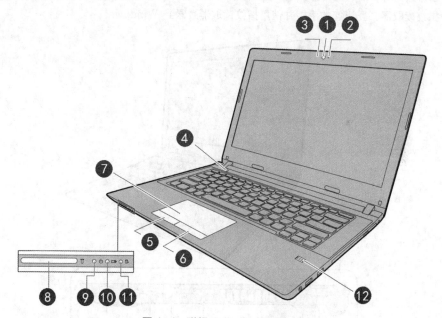

图 1-4　联想 E40-80 前视图

1．摄像头　2．摄像头指示灯　3．麦克风插孔　4．电源按键　5．左单击键　6．右单击键　7．触摸板
8．存储卡插槽　9．电源指示灯　10．电池状态指示灯　11．设备访问状态指示灯　12．指纹读取器

图 1-4 中所示各部位功能如下。

1．摄像头：使用摄像头可拍照或举行视频会议。

2．摄像头指示灯：指示是否启用了摄像头。

3．麦克风插孔：捕获声音。

4．电源按键：按此按键可开启计算机。

5. 左单击键：相当于鼠标左键。

6. 右单击键：相当于鼠标右键。

7. 触摸板：在触摸板上移动指尖使指针移动，起到鼠标的作用。

8. 存储卡插槽：可插入 SD 卡。

9. 电源指示灯功能如下。

开启：指示计算机已开机。

熄灭：指示计算机已断电或处于休眠方式。

闪烁：指示计算机处于睡眠方式。

10. 电池状态指示灯功能如下。

绿色常亮：电池充电程度在 80%～100%，或电池放电程度在 20%～100% 。

绿色缓慢闪烁：电池充电程度在 20%～80%，现仍在充电。

以琥珀色缓慢闪烁：电池充电程度在 5%～20%，正在继续充电。

以琥珀色常亮：电池电量在 5%～20%。

以琥珀色快速闪烁：电池充电或放电程度在 5% 或以下。

不亮：电池已被拆离或计算机已关闭。

11. 设备访问状态指示灯：此指示灯点亮表示硬盘或光驱正在读取或写入数据。

此指示灯点亮时，请勿使计算机进入睡眠状态或关闭计算机，请勿移动计算机。

12. 指纹读取器：登记您的手指并使用指纹读取器登录到 Windows。

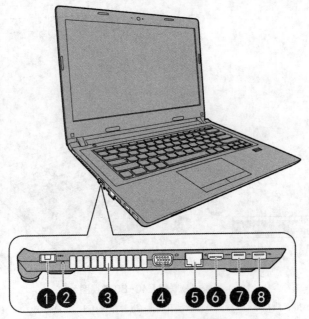

图 1-5　联想 E40-80 左视图

1．交流电源接口　2．直流输入指示灯　3．通风槽　4．VGA 接口　5．以太网接口　6．HDMI 输出接口
7～8．USB3.0 接口

图 1-5 中所示各部位功能如下。

1. 交流电源接口：将提供的交流电源适配器连接到此接口，向计算机供电并为电池充电。

2. 直流输入指示灯：指示计算机是否已插入工作正常的电源插座中。

3. 通风槽：使热空气排出计算机。请勿阻挡任何通风槽，否则可能导致计算机过热和损坏。

4. VGA 接口：用于将外接显示器或投影仪连接到计算机。

5. 以太网接口：将以太网线缆连接到此接口可将计算机连接到局域网（LAN）。

6. HDMI 输出接口：使用高清晰度多媒体接口（HDMI）连接兼容的数字音频设备或视频显示器，如高清电视（HDTV）。

7~8. USB 3.0 接口：用于连接 USB 1.1、USB2.0 或 USB3.0 设备。

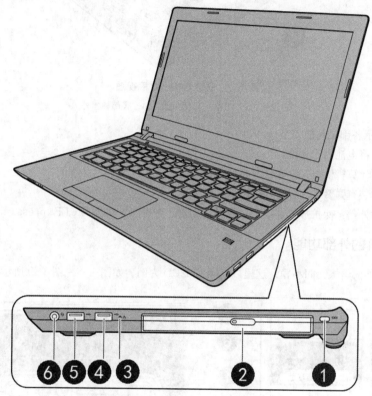

图 1-6　联想 E40-80 右视图

1. 安全锁孔　2. 光盘驱动器　3. Novo 按键　4. Always on USB 接口　5. USB 接口　6. 组合音频插孔

图 1-6 中所示各部位功能如下。

1. 安全锁孔：可购买适合此安全锁孔的安全钢缆锁，将计算机锁在固定物体上。

2. 光盘驱动器：使用光盘驱动器读取或刻录光盘。

3. Novo 按键：计算机关机状态下，按此按键将启动 Lenovo OneKey Recovery 系统或 BIOS Setup Utility，或进入引导菜单。

4. Always on USB 接口：当计算机在关机状态下或处于睡眠或休眠状态时，能够为智能电子设备充电。

5. USB 接口：用于连接 USB 1.1 或 USB 2.0 设备。

6. 组合音频插孔：要收听来自计算机的声音，请将耳机或耳麦的 3.5 毫米（0.14 英寸）插头插入组合音频插孔。

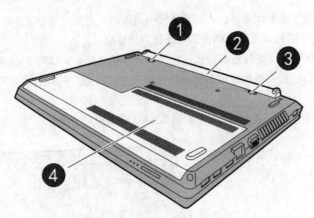

图 1-7 联想 E40-80 底视图

1. 电池锁 2. 电池 3. 电池锁 4. 底部插槽外盖

图 1-7 中所示各部位功能如下。

1. 电池锁：将电池固定到位。

2. 电池：向计算机供电，并在计算机插电时充电。

3. 电池锁（装有弹簧）：将电池固定到位。

4. 底部插槽外盖：保护放置在下面的硬盘驱动器、内存条、微型 PCI Express 卡及其他组件。

1.2.2 台式机的外部功能

各种台式机外部结构大同小异，这里以华硕 M32CD 为例，如图 1-8～图 1-9 所示。

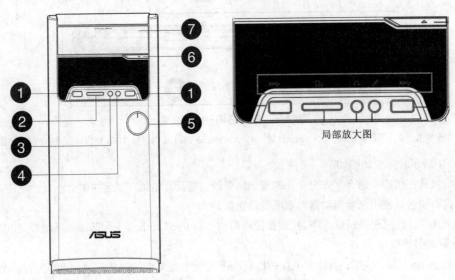

局部放大图

图 1-8 华硕 M32CD 前面板

1. USB3.1 Gen 接口 2. 扩展卡槽 3. 耳机接口 4. 麦克风接口 5. 电源按钮 6. 光驱弹出按钮 7. 光驱槽盖

图 1-8 中所示各部位的功能如下。

1. USB3.1 Gen 接口：可连接 USB3.1 Gen 设备等。

2. 扩展卡槽：将可支持的内存卡插入该槽。

3. 耳机接口：此接口可连接耳机或外接扬声器。

4. 麦克风接口：此接口可连接麦克风。

5. 电源按钮：按此按钮启动计算机。

6. 光驱弹出按钮：按此按钮将会弹出光驱托盘。

7. 光驱槽盖：可以在此槽盖中安装一个光驱。

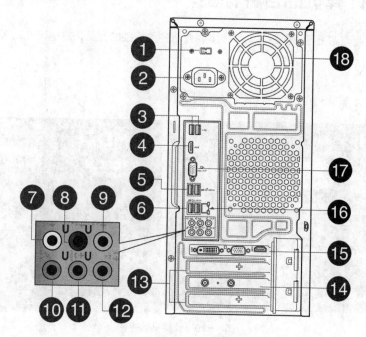

图 1-9 华硕 M32CD 后面板

1. 电压选择开关 2. 电源插槽 3. USB2.0 接口 4. HDMI 接口 5～6. USB3.1 Gen 1 接口
7. 侧边扬声器输出接口（灰色） 8. 后置扬声器输出接口（黑色） 9. 中央/重低音扬声器接口（橘色）
10. 麦克风接口（粉红色） 11. 音频输出接口（草绿色） 12. 音频输入接口（浅蓝色） 13. 扩展卡插槽挡板
14. 华硕无线网卡 15. 华硕显卡 16. RJ-45 网络接口 17. VGA 接口 18. 通风孔

图 1-9 中所示各部位功能如下。

1. 电压选择开关：使用此开关切换电压值（110V 或 220V）。

2. 电源插槽：将电源线连接至此插槽。

3. USB2.0 接口：可连接 USB 2.0 设备等。

4. HDMI 接口：连接 HDMI 兼容设备。

5～6. USB3.1 Gen 1 接口：可连接 USB3.1 Gen 1 设备等。

7. 侧边扬声器输出接口（灰色）：可连接 7.1 声道音频设备。

8. 后置扬声器输出接口（黑色）：可连接 4.1、5.1 和 7.1 声道音频设备。

9. 中央/重低音扬声器接口（橘色）：可连接中央/重低音扬声器音频设备。

10. 麦克风接口（粉红色）：此接口可连接麦克风。

11. 音频输出接口（草绿色）：可以连接耳机或扬声器等的音频接收设备。

12. 音频输入接口（浅蓝色）：可以将磁带、CD、DVD 播放器等的音频输出端连接到此音频输入接口。

13. 扩展卡插槽挡板：安装扩展卡时移除扩展卡插槽挡板。

14. 华硕无线网卡：此选配无线网卡允许计算机连接到一个无线网络。

15. 华硕显卡：在此选配的华硕显卡上的显示输出接口依型号而定。

16. RJ-45 网络接口：通过网络中心连接到一个局域网（LAN）。

17. VGA 接口：可连接 VGA 兼容设备，如 VGA 显示器。

18. 通风孔：使空气流通。

1.3　认识计算机的各种标签

计算机产品表面会贴上各种标签，本节将主要介绍各种标签的含义，方便读者识别。

1.3.1　标签含义

先看一些贴在计算机上的标签，如图 1-10 所示。

图 1-10　计算机标签

标签所表示的含义各有不同，主要有如下几类：表示 CPU 情况、表示显卡情况、表示系统情况、表示认证情况、表示功能情况等，如图 1-11～图 1-14 所示。

（a）Intel inside 表示内置的 Intel CPU 类型：i2、i5、i7 等

（b）AMD 的 CPU 类型：A8、A10、FX 等
　　6TH GENERATION 表示第六代

（c）7th Gen 表示第七代

图 1-11　CPU 标签

GRAPHICS 表示图形处理

AMD 表示 AMD 的显示芯片　　　　可以有准确的型号　　　　NVIDIA 表示 NVIDIA 的显示芯片

图 1-12　显卡标签

Windows 指的是内置的操作系统类型

图 1-13　系统标签

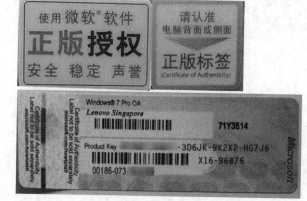

符合能源之星标准　　　支持闪联

正版操作系统授权及序列号　　　3A 配置：AMD 的 CPU+
　　　　　　　　　　　　　　　　显示芯片+主板芯片　　　支持杜
　　　　　　　　　　　　　　　　　　　　　　　　　　　比音效

图 1-14　其他标签

1.3.2 标签作用

如果购买的是正规计算机，标签通常会告诉我们计算机的真实情况。但标签仅供参考，也有造假的可能。后面会介绍对计算机进行详细检测的方法。

1.4 通过软件识别计算机

前面已经学习了从外观来识别计算机，本节介绍如何通过软件识别计算机。本节学习的是如何识别出计算机配件的具体型号，各种参数的优劣将在第 2 章再学习。

1.4.1 通过系统识别计算机

在操作系统的属性中可以看到计算机的基本信息，在设备管理器中可以看到硬件信息，如图 1-15 所示。

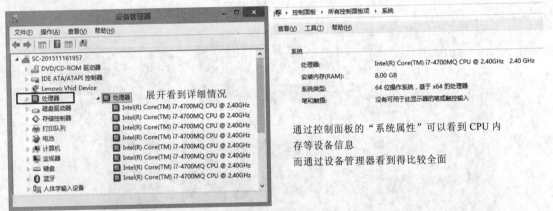

图 1-15 硬件信息

 操作系统显示的信息并不详细，而且有造假的可能，通过一些专业的软件检测硬件更准确。

1.4.2 CPU 检测

CPU-Z 是一款家喻户晓的 CPU 检测软件，是检测 CPU 使用程度最高的软件之一，它支持的 CPU 种类相当全面，软件的启动速度及检测速度都很快。读者可以打开网址 http://www.cpuid.com/softwares/cpu-z.html 下载最新版的软件，也可以直接通过搜索下载，建议初学者选中文版的软件。其软件界面如图 1-16 所示。

扫码看视频教程

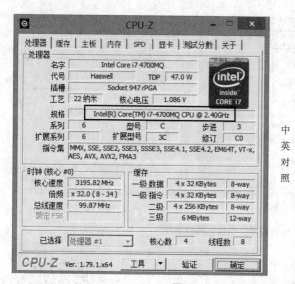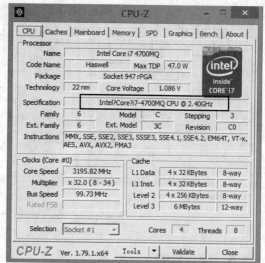

图 1-16　通过 CPU-Z 检测 CPU 的软件界面

1.4.3　显卡检测

GPU-Z 是一款显卡识别工具，界面很直观，运行后即可显示 GPU 核心，以及运行频率、带宽、传感器信息等。读者可以打开网址 https://www.techpowerup.com/download/techpowerup-gpu-z/下载最新版的软件。其软件界面如图 1-17 所示。

扫码看视频教程

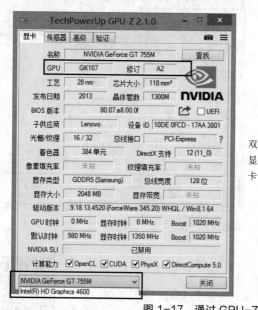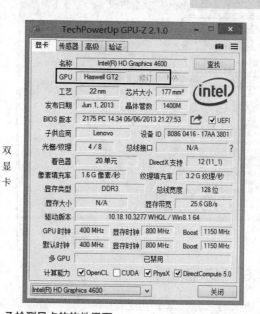

图 1-17　通过 GPU-Z 检测显卡的软件界面

1.4.4　内存、主板检测

CPU-Z 是一个多功能软件，它还能检测主板和内存的相关信息，其软件界面如图 1-18 所示。

扫码看视频教程

 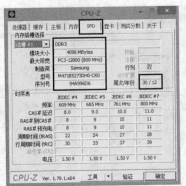 

系统对内存检测的结果　　　　　内存条自带的标识信息　　　　　主板信息

图 1-18　通过 CPU-Z 检测内存、主板的软件界面

1.4.5　硬盘检测

HD Tune Pro 硬盘检测工具是一款小巧易用的硬盘工具软件，其主要功能有硬盘传输速率检测、健康状态检测、温度检测及磁盘表面扫描等。另外，还能检测出硬盘的固件版本、序列号、容量、缓存大小以及当前的 Ultra DMA 模式等。读者可以打开网址 http://www.hdtune.com/download.html 下载最新版的软件。其软件界面如图 1-19 所示。

扫码看视频教程

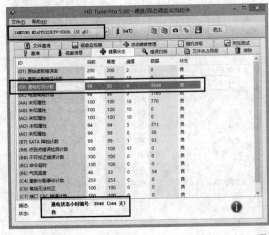 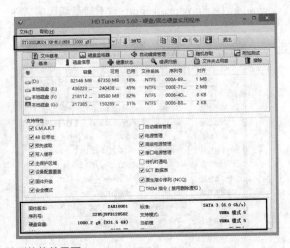

图 1-19　硬盘检测的软件界面

1.4.6　显示器检测

Display X 是一款小巧的显示器常规检测和液晶显示器坏点、延迟时间检测软件，它可以在微软 Windows 全系列操作系统中正常运行。软件可以检测出液晶显示器的品质和性能情况。读者可以直接在网上搜索进行下载。其软件界面如图 1-20 所示。

扫码看视频教程

单击测试项开始测试，每项测试在上方都有说明　　　　　　　　纯色是用来测试坏点的

图 1-20　显示器检测的软件界面

1.5　综合检测

前面介绍了单个配件的专业检测软件，本节将学习综合检测计算机的软件。

1.5.1　鲁大师硬件检测

鲁大师（原名：Z 武器）是新一代的系统工具。它能轻松辨别计算机硬件真伪，保护计算机稳定运行，清查计算机病毒隐患，优化清理系统，提升计算机运行速度。其软件界面如图 1-21 所示。

 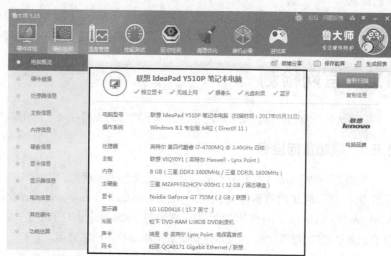

图 1-21　鲁大师硬件检测的软件界面

1.5.2　鲁大师性能测试

鲁大师还可以进行性能测试（俗称"跑分"），其软件界面如图 1-22 所示。

图 1-22　鲁大师性能测试

1.5.3　其他检测软件

用鲁大师的人不少，但是鲁大师比较适合初学者，如果想进行更专业的评测，可以试试以下软件。

PCMark：整机测试软件，Windows 领域权威的整机测试软件之一。

3DMark：游戏性能测试软件，通过该软件的测试，可以了解计算机能玩什么级别的游戏。

AIDA64：它能实时监测包括 CPU、GPU、内存、硬盘、风扇等各种硬件的占用率情况，还能实现诸如协助超频、硬件侦错、压力测试和传感器监测等多种功能。

扫码看视频教程

1.6　官网检测

很多大的计算机品牌提供互联网验证，本节将学习如何在网上对计算机进行检测。

1.6.1　联想官网检测

想知道买的产品是不是官方正品，到官网上查一查更保险。以图 1-1 所示的产品为例，打开联想的官网服务网址：http://support.lenovo.com.cn/lenovo/wsi/Modules/NewDrive.aspx，具体如图 1-23 和图 1-24 所示。对于正品，官网还提供配套的驱动程序下载服务，而且从这里下载的驱动程序比较好用。

扫码看视频教程

图 1-23　联想官网检测

昭阳E40-80

主机编号：	MP09HKE6 更改
生产日期：	2015-09-01
保修截止日期：	2016-09-30　乐享3C　预约维修
上门截止日期：	2016-09-30

*此保修信息根据生产日期计算，如用户能提供有效购机发票则按发票日期
计算保修期。　　单击查看详细保修信息
*具体机器型号以机身和外包装箱中标明型号为准。

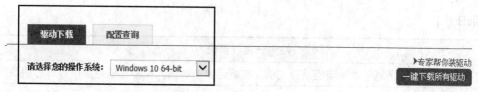

驱动下载　　配置查询

请选择您的操作系统：　Windows 10 64-bit　▽

▶专家帮你装驱动
一键下载所有驱动

图 1-24　联想官网检测结果

遇到设备安装驱动后不能正常工作的情况，可以尝试在官网下载驱动，官方驱动一般都
好用。

1.6.2　其他品牌官网检测

各品牌计算机，网上检测大同小异，都是先登录到官方网站，然后官网说明操作即可。

本书提供操作微视频，可直接通过扫描二维码进行观看。
另外可以关注公众号 hqmboy，直接观看本书所有操作视频，而且视频资源会不断更新。

📋 本章总结

通过本章的学习，读者不仅可以识别出计算机的各种外部接口，而且可以通过软件检测出计算机的
配件型号，还可以对计算机的性能进行测试。

📝 练习与实践

【单选题】

1. 下列软件中，用于显卡检测的是（　　）。
   A．CPU-Z　　　　　B．GPU-Z　　　　　C．Display X　　　　　D．HDTune Pro

2. Intel Core I5 7th Gen 中，7 表示（　　）。
   A．第七个　　　　　B．第七代　　　　　C．第七年　　　　　D．性能排第七

【多选题】

1. 下列字母组合，可以作为计算机的主机编号开头的有（　　）。
   A．NS　　　　　　　B．NA　　　　　　　C．CS　　　　　　　D．FS

2. 下面哪些接口可以用于笔记本电脑外部？（   ）

    A．USB   B．HDMI   C．VGA   D．IDE

【判断题】

1. CPU-Z 只能检测 CPU。（   ）

    A．对   B．错

2. Display X 是显卡检测软件。（   ）

    A．对   B．错

3. 鲁大师可以对计算机进行整体检测。（   ）

    A．对   B．错

【实训任务】

检测一台计算机	
项目背景介绍	不管是笔记本电脑还是台式机，有笔记本电脑的人很多，但是使用者对它熟悉吗
设计任务概述	1. 外部识别，识别出每个接口的功能 2. 配件检测，通过软件检测出配件的具体型号 3. 性能测试，通过软件检测计算机的整体性能 4. 官网认证，到官网去验证
实训记录	
教师考评	评语： 辅导教师签字：_____

第2章

计算机的选购

本章导读

■ 现在不管是工作中还是生活中都离不开计算机。在购买时，购买者是否知道如何去选择计算机？本章主要讲述了如何去挑选、如何去判断计算机各配件的性能，以及购买计算机要注意的问题，目的是使读者知道如何花费合理的价格买到一台让自己满意的计算机。

■ 本章的最后安排了实训案例——在网上按需求去模拟选购计算机。

学习目标

■ 掌握计算机各配件性能指标
■ 了解如何选择计算机及配件
■ 熟悉购买计算机的注意事项
■ 掌握互联网模拟购机方法

技能要点

■ 各计算机配件的关键性能指标
■ 注意各计算机配件的搭配
■ 网上价格只能作为参考

实训任务

■ 模拟选购台式机
■ 模拟选购笔记本电脑

效果欣赏

配置	品牌型号	数量	配置	品牌型号	数量
CPU	Intel 酷睿i5 6500	1	机箱	鑫谷王者降临	1
主板	华硕EX-B150M-V3	1	电源	鑫谷GP500G黑金版	1
内存	影驰GAMER 8GB DDR4 2400	1	显示器	三星S24E360HL	1
固态硬盘	影驰铁甲战将（480GB）	1	键鼠装	达尔优牧马人审判游戏键鼠套装	1
显卡	影驰GeForce GTX 1050Ti骁将	1	音箱	漫步者R151T	1

2.1　计算机机型选购

本节中将介绍各种计算机机型的特点，让读者了解各种机型的特点，从而可以根据需求进行选择。
目前常用的机型主要有台式机、笔记本电脑、一体机 3 种，如图 2-1 所示。

台式机　　　　　　　　　　　　　　　笔记本电脑　　　　　　　　　　　一体机

图 2-1　常见机型

2.1.1　台式机的特点

台式机，是一种独立、相分离的计算机，完完全全跟其他部件无联系，相对于笔记本电脑体积较大，
主机、显示器等设备一般都是相对独立的，一般需要放置在计算机桌或者专门的工作台上，因此命名为
台式机。台式机的优点是耐用、价格实惠，和笔记本电脑相比，相同价格前提下配置较好，散热性较佳，
配件若损坏时更换价格相对便宜；缺点就是笨重、耗电量大。

2.1.2　笔记本电脑的特点

笔记本电脑，又称手提电脑、膝上电脑，是一种小型、可方便携带的个人电脑。笔记本电脑的重量
通常为 1~3 千克。其发展趋势是体积越来越小，重量越来越轻，功能却越来越强大。笔记本电脑跟台式
机的主要区别在于其便携性。笔记本电脑的主要优点有体积小、重量轻、携带方便。超轻、超薄是笔记
本电脑的主要发展方向。

从用途上看，笔记本电脑一般可以分为商务型、时尚型、多媒体应用、特殊用途 4 类。

商务型笔记本电脑的特征一般为移动性强、电池续航时间长；时尚型笔记本电脑外观奇异，也有适
合商务使用的时尚型笔记本电脑；多媒体应用型的笔记本电脑是结合强大的图形及多媒体处理能力又兼
有一定的移动性的综合体，市面上常见的多媒体笔记本电脑拥有独立的且较为先进的显卡、较大的屏幕
等特征；特殊用途的笔记本电脑是服务于专业人士，可以在酷暑、严寒、低气压、战争等恶劣环境下使
用的机型，多较为笨重。

2.1.3　一体机的特点

计算机一体机是目前介于台式机和笔记本电脑之间的一个新型的产品，它是将主机部分、显示器部
分整合到一起的新形态计算机，该产品的创新在于内部元件的高度集成。随着无线技术的发展，计算机
一体机的键盘、鼠标与显示器可实现无线连接，机器只有一根电源线。这就解决了一直为人诟病的台式
机线缆多而杂的问题。

一体机的优势是外观时尚，轻薄精巧；比一般的台式机更节省空间；价格适中；与台式机相比可移动性好，便携性高。

2.1.4　市场情况

现在的计算机市场，台式机的份额逐年减少，笔记本电脑的份额在增加。对购买者来说，追求性能、性价比的选台式机较好，追求携带方便的自然是选笔记本电脑，喜欢时髦的可以考虑一体机。

2.2　如何选择 CPU

本节将介绍计算机的核心配件 CPU，从而让读者知道从哪些方面去判断 CPU 的性能。

2.2.1　认识 CPU

中央处理器（CPU）是一块超大规模的集成电路，是一台计算机的运算核心和控制核心。目前个人计算机用的 CPU 主要是 Intel 和 AMD 两家公司的产品，样品如图 2-2 和图 2-3 所示。

| Intel 处理器正面 | Intel 处理器背面 | 安装效果 |

图 2-2　Intel 处理器

| AMD 处理器正面 | AMD 处理器背面 | 安装效果 |

图 2-3　AMD 处理器

2.2.2　CPU 性能参数

CPU 主频：主频也叫时钟频率，单位是兆赫（MHz）或吉赫（GHz），用来表示 CPU 运算、处理数据的速度。通常主频越高，CPU 处理数据的速度就越快。目前台式机的 CPU 主频一般在 3~5GHz，笔记本电脑的 CPU 主频一般在 3GHz 以内。

外频：外频是 CPU 的基准频率，单位是 MHz。外频决定着主板的运行速度，现在 100MHz 的外频是最常见的。

倍频系数：由于主频高于外频，CPU 的主频需要把外频放大一定的倍数。倍频系数是指 CPU 主频与外频的相对比例关系。

CPU 主频公式：主频=外频×倍频系数。

睿频：睿频是指当启动一个运行程序后，处理器会自动加速到合适的频率，而原来的运行速度会提升 10%~20%，是保证程序流畅运行的一种技术。处理器应对复杂应用时，可自动提高运行主频，轻松完成对性能要求更高的多任务处理；当进行工作任务切换时，如果只有内存和硬盘在进行主要的工作时，处理器会立刻处于节电状态。这样既保证了能源的有效利用，又使程序速度大幅提升。Intel 英特尔的睿频技术叫作 TB（turbo boost），AMD 的睿频技术叫作 TC（turbo core）。

最大睿频：部分 CPU 型号，如 i5、i7，最大睿频的数值会超过主频的数值，这样的 CPU 会有更好的性能，最大睿频可以看成是最高主频。

缓存：缓存大小也是 CPU 的重要指标之一，而且缓存的结构和大小对 CPU 速度的影响非常大，CPU 内缓存的运行频率极高，一般是和处理器同频运作，工作效率远远大于系统内存和硬盘。实际工作时，CPU 往往需要重复读取同样的数据块，而缓存容量的增大，可以大幅度提升 CPU 内部读取数据的命中率，而不用再到内存或者硬盘上寻找，以此提高系统性能。

制造工艺：CPU 制造工艺是指 IC 内电路与电路之间的距离。越小的制造工艺意味着相同大小的空间内部可以容纳更多的电路，实现更多的功能及性能。目前最新的技术已达到 14nm。制造工艺数值的变小促进了 CPU 多核心的发展。

多核心：指单芯片多处理器（Chip Multiprocessors，CMP）。将大规模并行处理器中的 SMP（对称多处理器）集成到同一芯片内，各个处理器并行执行不同的进程。在不考虑其他因素影响的情况下，多核心意味着更好的整体性能。可以简单地理解为多核心处理器相当于多个单核心处理器组合在一起。目前单核已过时，双核是基本要求，四核、六核、八核、十核已经实现，已发布的最近产品可以达到二十核以上。一般核心越多意味着性能越好。

多线程：同时多线程（Simultaneous Multithreading，SMT）。SMT 可通过复制处理器上的结构状态，让同一个处理器上的多个线程同步执行并共享处理器的执行资源，可最大限度地实现宽发射、乱序的超标量处理，提高处理器运算部件的利用率，缓和由于数据相关或 Cache 未命中带来的访问内存延时。多线程可以理解成是从一台机器配一个工人变成了一台机器配两个工人。

接口：CPU 需要通过某个接口与主板连接才能进行工作。CPU 经过多年的发展，采用的接口方式有引脚式、卡式、触点式、针脚式等。目前 Intel 主要用触点式（LGA775、1156、1155、1150、1151、2011、2066），AMD 主要用针脚式（Socket AM2、AM3、AM4、FM1、FM2）。CPU 接口类型不同，在插孔数、体积、形状方面都有所不同，所以不能互相接插。CPU 接口如图 2-4 所示。

LGA 1151   Socket AM4

图 2-4 CPU 接口

2.2.3 CPU 产品

当前一些主流的 CPU 产品信息如表 2-1 所示。

表 2-1 主流 CPU 产品

厂商	系　列	产品特性	接　口
Intel	Core i9 （酷睿 i9、新发布）	六核十二线程 八核十六线程 十核二十线程 十二核、十四核、 十六核、十八核	2017 年开始发布的产品 LGA2066
	Core i7	双核四线程 四核八线程 六核十二线程 八核十六线程 十核二十线程	一代产品 LGA 1156，二代三代 LGA 1155，四代五代 LGA 1150， 六代七代 LGA 1151 高性能 i7 是 LGA 2011（4 代之前） 和 2011-v3（5 至 7 代） 有部分带 X 的 i5 和 i7 使用 LGA 2066 接口
	Core i5	双核四线程 四核四线程	
	Core i3	双核四线程	
	Pentium（奔腾）	双核双线程 双核四线程	LGA1156、LGA1155、LGA1150
	Celeron（赛扬）	单核双线程 双核双线程	
AMD	Ryzen（锐龙）	R3　四核四线程 R5　四核八线程 六核十二线程 R7　八核十六线程	Socket AM4
	Bulldozer（推土机）	四核四线程 六核六线程 八核八线程	Socket AM3+
	Phenom II（羿龙 II）	四核四线程 六核六线程	Socket AM3
	Athlon II（速龙 II）	双核双线程 四核四线程	Socket FM1、FM2、FM2+、AM3
	APU （A4、A6、A8、A10）	A4、A6 双核双线程 A8、A10 四核四线程	FM1、FM2、FM2+

Intel 的 i3、i5、i7 现在已经发展到第八代，区分是第几代产品的方法是看产品型号的四位数字的第一个数字，第一代产品只有三位数字，如图 2-5 所示。

4 表示第四代

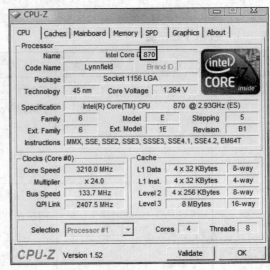

三位数字的是第一代

图 2-5　Intel CPU 第几代产品识别

处理器型号有一些是带有字母的，Intel 处理器常见字母含义如下：X 表示极致性能版，也叫至尊版；K 表示解锁版，即不锁倍频；H 表示超电压版，高性能；M 表示准电压移动版；U 表示低压版，节能省电，但性能削减，主频低；HQ、MQ、QH、QM 中的 Q 代表四核。AMD 处理器常见字母含义如下：K 表示不锁倍频版；T 表示带睿频版；U 表示超低功耗版；M 表示移动版；MX 表示移动增强版。

对于笔记本用 Intel 处理器，同期产品性能顺序大体上是这样的 i7MQ(HQ)>i7M>i5H>i5M>i7U>i3M>i5U>奔腾>i3U>赛扬。

目前主流 CPU 系列如下。

英特尔公司：

奔腾双核、赛扬双核：低端处理器，只能满足上网、办公、看电影使用；

酷睿 i3：中低端处理器，可以理解为精简版的酷睿 i5，满足上网、办公、看电影外，可以玩网络游戏或大型单机游戏；

酷睿 i5：中端处理器，满足上网、办公、看电影外，可以玩大型网络游戏，大型单机游戏，并且可以开较高的游戏效果；

酷睿 i7：高端处理器，常用的网络应用都可以，还能最高效果运行发烧级大型游戏。

AMD 公司：

高端：锐龙 R7 系列；

中端：FX8000、9000 系列、锐龙 R5 系列；

中低端：FX6000、A10 系列、锐龙 R3 系列；

低端：FX4000、A8、速龙系列。

2.2.4 盒装与散装处理器

国内销售的处理器有盒装和散装两种。

盒装处理器（PIB：ProcessorInaBox）：CPU 厂商正式在市面上发售的产品，通常要比原始设备制造商（Original Equipment Manufacturer，OEM）流通到市场的散装芯片贵，但只有 PIB 拥有厂商正式的保修权利。

盒装一般享受全国三年联保，而且附带有一台质量较好的散热风扇；散装一般经销商保修一年。选择盒装产品能够让人更加安心，盒装产品能提供长时间的质保，以及稳定的散热器。市场上有一些散装产品加上盒子和风扇冒充盒装销售，购买时要注意识别。

Intel 的盒装识别：最基本的要保证盒子上的 Batch# 号和 CPU 上的一致，然后拿盒子上的序列号通过微信去验证。互联网查询网址是：http://prcappzone.intel.com/cbt/（目前已停止验证）。关注微信号：IntelCustomerSupport 进行验证，目前主要用这个验证。具体如图 2-6 和图 2-7 所示。

序列号可以拿到微信上验证　　　　　Batch# 号要与 CPU 上的一致

图 2-6　Intel CPU 盒装识别

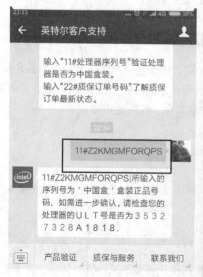

图 2-7　通过微信号识别 Intel 盒装 CPU

相对来说，AMD 就更简单一点，可以直接登录网址 http://amdsnv.amd.com/querycn.php 进行识别，具体如图 2-8 所示。

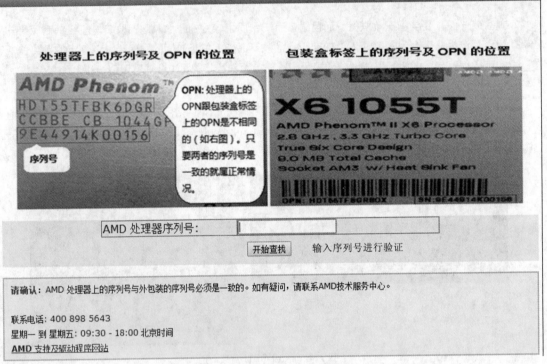

图 2-8　通过互联网识别 AMD 盒装 CPU

2.2.5　选择 Intel 公司产品还是选择 AMD 公司产品

从技术方面讲，最近几年 Intel 公司一直压制着 AMD 公司，但最近 AMD 公司推出的锐龙系列可谓是良心产品，性能好且价格低。锐龙的推出也促使了 Intel 公司产品的降价，Intel 核心数更多的 i9 也随之而来。总的来说，Intel 技术方面占优，而 AMD 公司的产品实在、性价比更高。

2.3　如何选择内存条

内存条是计算机数据交换的中心，本节将介绍内存条，从而让读者知道从哪些方面去判断并选择内存条。

2.3.1　认识内存条

内存条是 CPU 通过总线寻址，并进行读写操作的计算机部件。通常所说计算机内存的大小，是指内存条的总容量。内存条如图 2-9 所示。

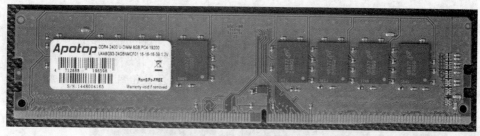

（1）台式机内存条

（2）笔记本电脑内存条

图 2-9 内存条

内存条是计算机必不可少的组成部分，所有外存上的内容必须通过内存才能发挥作用。平常使用的程序，如 Windows、Linux 等系统软件，包括打字软件、游戏软件等在内的应用软件，虽然把包括程序代码在内的大量数据都放在磁盘等外存设备上，但外存中任何数据只有调入内存中才能真正使用。

简单来说，内存的速度和容量影响整个计算机的性能。

2.3.2 内存条的技术指标

内存条的速度主要取决于两方面，一方面是数据宽度，另一方面是工作频率。

数据宽度：也叫位数、位宽，指的是内存条一次输入/输出的数据量，类似路的宽度，越宽的路交通承受力越强。目前市场上的内存条都是 64 位的（8 个字节/8B）。

工作频率：内存所能稳定运行的最大频率，也就是每秒钟工作的周期数，或者说读写的次数。很明显，频率越高相对来说速度越快。

带宽：内存条每秒读写的数据总量，可以真实反映内存条的工作能力。

带宽=数据宽度×工作频率，由于数据宽度都一样，所以频率越高带宽就越大。

工作频率的单位是兆赫（MHz），目前主流是 2133MHz 和 2400MHz，而且工作频率不断提高，注意选择时要根据 CPU 和主板的支持情况来选择。

容量：内存条总的容量，理论上越大越好。目前基本要求是 4GB，8GB 已经成为主流。

为了提升内存条的性能，在内存条的使用上现在流行双通道及多通道。

传统的内存条使用可以认为是单通道的，即不管安装几根内存条，只是单纯的增加容量，在某一时刻只有一根在工作，带宽固定。

双通道：让两根内存条同时工作，两根内存条一起用不仅可以增加容量，而且使数据宽度加倍，相应地带宽也就加倍了。现在大部分计算机都是支持双通道的，所以一般装两根内存条比一根好。

三通道、四通道、六通道的原理和双通道是一样的，可以实现 N 倍的带宽。

为了保证稳定性，使用双通道或多通道时尽量使用完全相同的内存条。

组成多通道时，一般情况下主板上同颜色的内存插槽为一组，如图 2-10 所示。

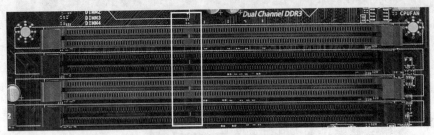

同颜色插槽为一组

插四根也是双通道

插槽中间有防呆设计

图 2-10　双通道内存条插槽

2.3.3　内存条的种类

内存条更新换代快，现在市场上的主流内存是 DDR4，DDR2 和 DDR3 还有少量供应。DDR 的内存都采用了在时钟的上升/下降同时进行数据传输的基本方式，所以等效频率都要×2。内存条频率说明如图 2-11 所示。

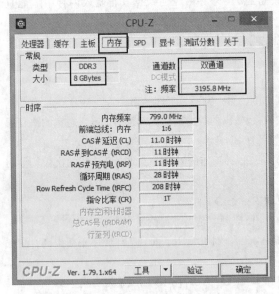

799.0MHz 是实时频率，一个周期传送两次，等效频率×2，
内存型号标称为 1600MHz（取整）
双通道，等效频率再×2，得到 3195.8MHz（实时）

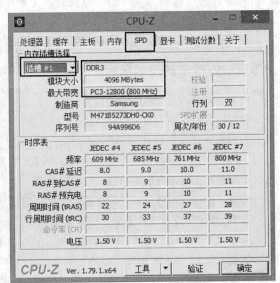

800MHz 是标准频率
12800 是内存带宽

图 2-11　内存条频率说明

DDR2 内存：在旧机上才能找得到，主要型号有 DDR2-800，也称 PC2-6400，800MHz 的等效工作频率，软件显示为 400MHz，6400MB/s 的带宽。

DDR3 内存：也逐渐过时了，主要型号有 DDR3-1333（PC3-10600）和 DDR3-1600（PC3-12800）。

DDR4 内存：是目前的主流内存，主要型号有 DDR4-2133、DDR4-2400、DDR4-3000，带宽用频率×8B 就可以算出来了。

2.3.4 购买内存条注意事项

先查看计算机支持什么型号的内存条，CPU 和主板对内存的频率和容量都有限制（可以看说明书或上网查询）。笔记本电脑内存和台式机内存不通用，注意不要买错了。如果给计算机加内存，最好买和计算机上已装内存相同的内存（拆机看或通过软件检测）。如果有可能的话，尽量组成双通道或多通道。

另外购买内存条时尽量买盒装内存条，盒装与散装的区别与 CPU 的情况差不多。一般来说，盒装可以保证是原装货。盒装有包装、有封条、有防伪说明，如图 2-12 所示。

盒装内存条有包装、有封条、有防伪说明

图 2-12 盒装内存

2.4 如何选择主板

主板是整个计算机连接的中心，其他计算机配件都要直接或间接连接到主板上。本节将详细介绍主板，让读者认识主板，了解主板，从而知道如何选择主板。

2.4.1 认识主板

主板安装在机箱内，是计算机最基本的也是最重要的部件之一。主板一般为矩形电路板，上面安装了组成计算机的主要电路系统，一般有 BIOS 芯片、I/O 控制芯片、键盘鼠标和面板控制开关接口、指示灯插接件、扩充插槽、主板及插卡的直流电源供电接插件等元件。

主板采用了开放式结构。主板上大都有多个扩展插槽，供计算机外围设备的控制卡（适配器）插接。通过更换这些插卡，可以对计算机的相应子系统进行局部升级，使厂家和用户在配置机型方面有更大的灵活性。

总之，主板在整个微机系统中扮演着举足轻重的角色。可以说，主板的类型和档次决定着整个计算机系统的类型和档次。主板的性能影响着整个计算机系统的性能。

2.4.2 主板的结构

主板的整体结构，如图 2-13 所示。

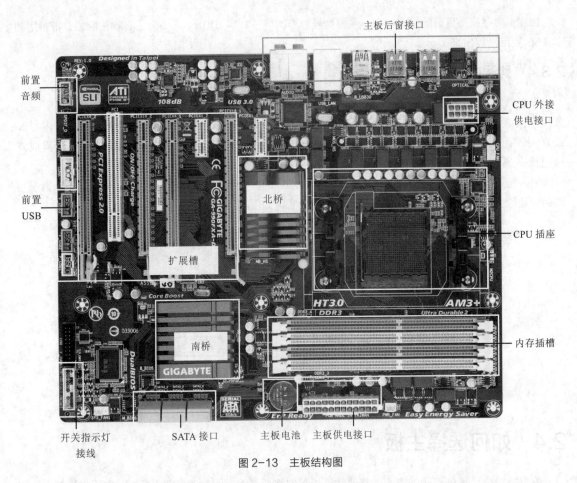

图 2-13　主板结构图

CPU 插座和内存条插槽参照前面的内容，不再重复介绍，下面介绍扩展槽。目前主板上的扩展槽主要有 PCI 插槽和 PCI Express 接口，具体如图 2-14 所示。

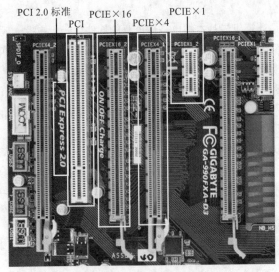

图 2-14　主板扩展槽

PCI 插槽：是基于 PCI 局部总线（Peripheral Component Interconnection，周边元件扩展接口）的扩展插槽。其颜色一般为乳白色，其位宽为 32 位或 64 位，工作频率为 33MHz，最大数据传输率为 133MB/sec（32 位）和 266MB/sec（64 位）。可插接显卡、声卡、网卡、内置 Modem、USB2.0 卡、IEEE1394 卡、IDE 接口卡、RAID 卡、电视卡、视频采集卡以及其他种类繁多的扩展卡。PCI 插槽可以接很多种设备，而一个设备能不能插到 PCI 插槽，关键在于设备是不是 PCI 接口的。

PCI Express 接口：简称 PCI-E，相对于传统 PCI 总线连接，PCI-E 能提供更高的传输速率和质量。PCI-E 的接口根据总线位宽不同而有所差异，包括 X1、X4、X8 以及 X16，而 X2 模式将用于内部接口而非插槽模式。PCI-E 规格从 1 条通道连接到 32 条通道连接，有非常强的伸缩性，以满足不同系统设备对数据传输带宽不同的需求。

此外，较短的 PCI-E 卡可以插入较长的 PCI-E 插槽中使用，PCI-E 接口还能够支持热拔插，这也是个不小的飞跃。

尽管 PCI-E 技术规格允许实现 X1（250MB/S）、X2、X4、X8、X16（4000MB/S）和 X32 通道规格，但实际上，PCI-E X1 和 PCI-E X16 已成为 PCI-E 主流规格。PCI-E X16 主要用来接显卡，而 PCI-E X1 则可以代替 PCI 接各种设备，前提是设备被加工成 PCI-E X1 接口。

PCI-E 已发展到 2.0 和 3.0 标准，X1 分别为 500MB/s 和 1000MB/s，X16 分别为 8000MB/s 和 16000MB/s。

机箱前面的 USB 接口、音频接口是要接线到主板上才可以使用的，主板上一般都有对应的接口，具体连线方法请参照主板说明书。

USB：通用串行总线（Universal Serial Bus），是连接计算机系统与外部设备的一种串口总线标准，也是一种输入输出接口的技术规范，被广泛地应用于个人计算机和移动设备等信息通信产品。

最新一代是 USB3.1 接口，其传输速度为 10Gbit/s，三段式电压分别为 5V/12V/20V，最大供电为 100W ，新型 Type C 插型不再分正反。USB 接口说明如图 2-15 所示。

接口名称	传输速度	接口图片	接口名称	传输速度	接口图片
USB2.0	480Mb/s		Micro B USB3.0	5Gb/s	
USB3.0	5Gb/s		Micro B USB2.0	480Mb/s	
USB2.0 B型	480Mb/s		MINI USB2.0	480Mb/s	
USB3.0 B型	5Gb/s		USB3.1 Type-C	10Gb/s	
USB3.1 A型	10Gb/s				

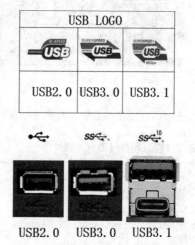

图 2-15　USB 接口说明

USB2.0 的接口一般为黑色，USB3.0 的一般为蓝色，USB3.1 颜色有淡蓝的，还有红色的，目前不是很统一。因此，通过看标识来区别接口更保险。

主板后窗的各种接口，如图 2-16 所示。

视频接口：目前视频接口有多种，其中 VGA 是模拟接口，DVI 是数字接口，两者都只能传视频。与 VGA 相比，DVI 在高分辨率下画面更加细腻，而且不容易受信号干扰。这两种接口分辨率均可达到

1920×1080（2K），虽然理论上可以更高，但不建议使用。

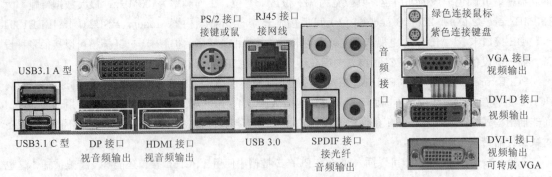

图 2-16　主板后窗的接口说明

HDMI 和 DP 接口都是可以同时输出视频和音频信号的，HDMI 可以支持 3840×2160（4K）的分辨率，DP 则可以达到 7680×4320（8K）。

硬盘接口：现在接硬盘的接口种类也不少，传统的硬盘一般是 SATA 接口。SATA 是 Serial ATA 的缩写，即串行 ATA。SATA 接口目前有 3 种规格，具体如图 2-17 所示。

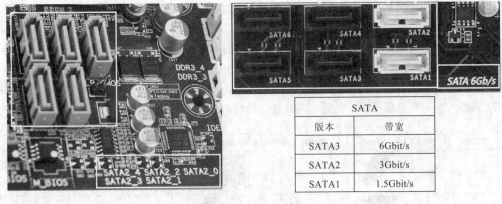

SATA	
版本	带宽
SATA3	6Gbit/s
SATA2	3Gbit/s
SATA1	1.5Gbit/s

图 2-17　SATA 接口

随着固态硬盘的发展，现在又出现了很多新型的硬盘接口，接口对比如表 2-2 所示。

表 2-2　固态硬盘接口对比表

	SATAIII	mSATA	SATA E	M.2/NGFF	U.2	PCI-E
速度	6Gbit/s	6Gbit/s	10/16Gbit/s	10/32Gbit/s	32Gbit/s	20/32Gbit/s
规格/长度	2.5/3.5 寸	51mm	2.5/3.5 寸	30～110mm	2.5 寸	167mm
界面	SATA	SATA	PCI-E X2	PCI-E X2、X4、SATA	PCI-E X2、X4、SATA	PCI-E X2、X4
工作电压	5V	3.3V	5V	3.3V	3.3/12V	12V
体积	大	小	大	小	大	大
备注	绝对主流但已落伍	基本淘汰	尴尬之选	今日之星	不确定的明日之星	今日之星

M.2 和 U.2 接口的硬盘安装如图 2-18 所示。

上面是 U.2 接口的固态硬盘，下面是 M.2 接口的固态硬盘

图 2-18　固态硬盘安装

总的来说，M.2 接口现在风头最劲，不仅在移动平台占据主要位置，在桌面平台也越来越流行。PCI-E 硬盘虽然要占据一个显卡插槽位，但它的优势非常明显，对主板没有特殊要求，在高端市场上依然会占有一席之地。U.2 接口各种"高大上"，无论性能还是对新技术的支持都走在了前列，被众人看好，目前支持的主板型号也在增多。

2.4.3　主板芯片组

主板芯片组（Chipset）是主板的核心组成部分，可以比作 CPU 与周边设备沟通的桥梁。在计算机界称设计芯片组的厂家为 Core Logic，Core 的中文意义是核心或中心，从字面上的意义就足以看出其重要性。

对于主板而言，芯片组几乎决定了这块主板的功能，进而影响到整个计算机系统性能的发挥，芯片组是主板的灵魂。芯片组性能的优劣，决定了主板性能的好坏与级别的高低。目前 CPU 的型号与种类繁多、功能特点不一，如果芯片组不能与 CPU 良好地协同工作，将严重地影响计算机的整体性能，甚至不能正常工作。

主板芯片组主要是双芯片结构，一个称为北桥，另一个称为南桥（见图 2-13），现在也经常合到一起成为单芯片结构。

目前主流芯片组厂商就 Intel 和 AMD 两家，分别搭配自家的处理器，具体型号如图 2-19 所示。

当前主流主板芯片组

Intel（X299　Z270　B250　H270　Z170　B150　H170　H110　C232　X99　Z97　B85　H81）

AMD（A320　B350　X370　A88X　A85X　A68H　970　990FX　A78　A58）

图 2-19　当前主流主板芯片组

芯片组型号都是由字母加数字构成的，其具体含义如图 2-20 所示。

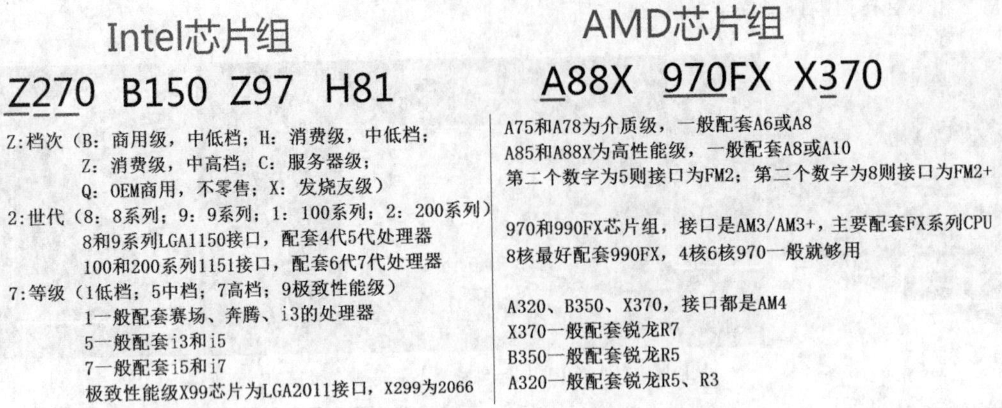

Intel芯片组

Z270 B150 Z97 H81

Z：档次（B：商用级，中低档；H：消费级，中低档；
Z：消费级，中高档；C：服务器级；
Q：OEM商用，不零售；X：发烧友级）

2：世代（8：8系列；9：100系列；2：200系列）
8和9系列LGA1150接口，配套4代5代处理器
100和200系列1151接口，配套6代7代处理器

7：等级（1低档；5中档；7高档；9极致性能级）
1一般配套赛扬、奔腾、i3的处理器
5一般配套i3和i5
7一般配套i5和i7
极致性能级X99芯片为LGA2011接口，X299为2066

AMD芯片组

A88X 970FX X370

A75和A78为介质级，一般配套A6或A8
A85和A88X为高性能级，一般配套A8或A10
第二个数字为5则接口为FM2；第二个数字为8则接口为FM2+

970和990FX芯片组，接口是AM3/AM3+，主要配套FX系列CPU
8核最好配套990FX，4核6核970一般就够用

A320、B350、X370，接口都是AM4
X370一般配套锐龙R7
B350一般配套锐龙R5
A320一般配套锐龙R5、R3

图 2-20 当前主流主板芯片组说明

2.4.4 主板选购

选择主板要注意这些问题，首先要了解主板的结构（主要看芯片组），确保它和 CPU 的接口能配套，档次最好也一致；然后看主板的内存规格、扩展插槽、I/O 接口、板型结构、BIOS 情况、供电情况、音效情况等方面是否符合自己的要求。

2.5 如何选择显卡

本节将介绍计算机图形处理的核心配件——显卡，从而让读者知道如何判断显卡的性能。

2.5.1 认识显卡

显卡（Video Card，Graphics Card），全称显示接口卡，又称显示适配器，是计算机最基本的配置也是最重要的配件之一。显卡作为计算机主机里的一个重要组成部分，是计算机进行数模信号转换的设备，承担输出显示图形的任务。

显卡接在计算机主板上，它将计算机的数字信号转换成模拟信号让显示器显示出来，同时显卡还具有图像处理能力，可协助 CPU 工作，提高整体的运行速度。在科学计算中，显卡被称为显示加速卡。

2.5.2 显卡的分类

显卡目前主要分为核心显卡、集成显卡和独立显卡 3 种。

核心显卡：和以往的显卡设计不同，它将图形核心与处理核心整合在同一块基板上，构成一个完整的处理器。这种设计上的整合大大缩减了处理核心、图形核心、内存及内存控制器间的数据周转时间，有效提升处理效能并大幅降低芯片组整体功耗，有助于缩小核心组件的尺寸，为笔记本电脑、一体机等产品的设计提供了更大的选择空间。

核心显卡的优点：低功耗是核心显卡的最主要优势，而且可以完全满足普通用户的需求。

核心显卡的缺点：配置核心显卡的 CPU 通常价格不高，同时低端核心显卡难以满足大型游戏的需求。

集成显卡：指将显示芯片、显存及其相关电路都集成在主板上，与其融为一体的元件；集成显卡的显示芯片有单独的，但大部分都集成在主板的北桥芯片中。

集成显卡的优点：功耗低、发热量小，部分集成显卡的性能已经可以媲美入门级的独立显卡，所以不用花费额外的资金购买独立显卡。

集成显卡的缺点：性能相对略低，且固化在主板上，本身无法更换，如果必须更换，就只能换主板。

独立显卡：指将显示芯片、显存及其相关电路单独做在一块电路板上，自成一体而作为一块独立的板卡存在，它需占用主板的扩展插槽（现在主要是 PCI-E）。

独立显卡的优点：单独安装有显存，一般不占用系统内存，在技术上也较集成显卡先进得多，但性能肯定不差于集成显卡，容易进行显卡的硬件升级。

独立显卡的缺点：系统功耗有所加大，发热量也较大，需要额外花费资金购买显卡，还需要占用更多空间。

由于显卡性能的不同对于显卡要求也不一样，独立显卡实际上还分为两类，一类是专门为游戏设计的娱乐显卡，另一类则是用于绘图和 3D 渲染的专业显卡。

2.5.3 显卡的主要参数

显示芯片：显卡的核心芯片，目前主要是 NVIDIA 和 AMD 的产品，当前主流显示芯片型号如图 2-21 所示。

当前主流显示芯片

NVIDIA（ GTX1080Ti GTX1080 GTX1070 GTX1060 GTX1050Ti GTX1050 GT1030 GTX980Ti

GTX980 GTX970 GTX960 GTX950 GTX Titan GTX750Ti GTX750 ）

AMD（R9 FURY X RX 580 RX 570 RX 560 RX 550 RX 480 RX 470 RX 470D RX 460

R9 390X R9 390 R9 380X R9 380 R9 370X R9 370 R7 360 R7 350 ）

图 2-21 当前主流显示芯片

显示芯片的型号也是由字母加数字构成的，当前主流显示芯片的具体说明如图 2-22 所示。

NVIDIA显示芯片说明

GTX1080TI　　　GT640MLED5

GTX TitanX　　Nvidia TitanXP

GTX：档次（GTX高端、GTS简化版、GT低端、GF入门级）
10：世代（3、4、5、6、7、8、9、10）
80：等级（1～2低、3～4中低、5～6中、7～8高）
TI：后缀（TI高速加强版、Z双芯加强版）
M：移动版（X加强版、D3指D3显存、D5指D5显存、LE缩水）
其他：Titan等级，相当于8～9
　　TitanX　单芯
　　TitanZ　支持双芯
　　TitanXP TitanX加强

AMD显示芯片说明

R9 390X　　　R9 M395X

RX 580

R9：档次（RX：VR级、R9高端、R7中端、R5/3入门级）
3：世代（2、3、4、5）
90：等级（1、2、3、4、5、6、7、8、9）
　　R5（1～3）R7（4～8）R9（6～9）
X：核心完整度（X2：双芯显卡、X完整核心、没有X：简化一次）
M：移动版

图 2-22 当前主流显示芯片说明

选择显卡时要注意显示芯片的核心频率，因为有些显卡有缩水的情况。
CUDA核心数也是显示芯片性能的重要标志之一，CUDA核心数越高一般就意味着性能越高。
不要直接比较 NVIDIA 和 AMD 的 CUDA 核心数，两家公司的产品是有差异的。

显示内存：简称显存，对显卡的性能影响也是比较明显的。显存主要考虑以下 3 个方面。

显存类型：其实主要是它的频率。目前主流是 GDDR3 和 GDDR5 显存，D5 比 D3 的频率高。另外同样是 D5 显存，频率也会有差别，所以看频率的数值更保险。

显存位宽：即显存一次传送的数据量。目前 64 位是最低的了，中等的一般是 128 位，比较好的一般 192 位以上，目前最高的 1024 位，以后可能更高。

显存容量：一般认为显存容量越大越好。但实际上，显存容量达到一定数值后，再增加对显卡的性能几乎没有影响。所以显存容量够用就好。

至于 3D API 支持，两家的产品现在都达到 DirectX12 的水平，OpenGL 支持也类似。

2.5.4 显卡的接口

显卡接口主要分为连接主板的接口和连接输出设备的接口两种。

连接主板的接口现在主要用 PCI-E 接口，连接输出设备的接口主要有 VGA、DVI、DP、HDMI 等，具体内容参照本章第 2.4.2 节。

2.5.5 多显卡技术

SLI 和 CrossFire 分别是 NVIDIA 和 ATI 两家的双卡或多卡互连工作组模式。其本质差不多的，只是叫法不同。SLI 中文名为速力，是 NVIDIA 的技术，SLI 工作模式现在是屏幕分区渲染。CrossFire 中文名为交叉火力，简称交火，是 ATI 的一款多重 GPU 技术，可让多张显卡同时在一部计算机上使用，增加运算效能，与 NVIDIA 的 SLI 技术竞争。

组建 SLI 和 CrossFire，需要满足几方面的条件。需要两个或多个显卡，必须是 PCI-E，不要求必须是相同核心，混合 SLI 可以用于不同核心显卡；需要主板支持，SLI 授权已开放；系统支持；驱动支持。

ATI 部分新产品支持不同型号显卡之间进行交火。这种交火需要硬件以及驱动的支持，并不是所有型号之间都可以。多显卡安装如图 2-23 所示。

图 2-23 多显卡安装

2.6 如何选择显示器

本节将介绍计算机的最常用的输出设备——显示器，从而让读者了解显示器。

2.6.1 认识显示器

显示器（Display）通常也被称为监视器。显示器是属于计算机的 I/O 设备，即输入输出设备。它是一种将一定的电子文件通过特定的传输设备显示到屏幕上再反射到人眼的显示工具。

根据制造材料的不同，可分为阴极射线管显示器 CRT、液晶显示器 LCD、等离子显示器 PDP 等，如图 2-24 所示。

CRT：是一种使用阴极射线管（Cathode Ray Tube）的显示器，目前已基本过时。

LCD：液态晶体显示器（Liquid Crystal Display），即液晶显示器，是当前的主流显示器。

PDP：等离子显示器（Plasma Display Panel）是采用了近几年来高速发展的等离子平面屏幕技术的新一代显示设备。等离子显示器的优越性表现为厚度薄、分辨率高、占用空间少且可作为家中的壁挂电视使用，等离子显示器代表了未来计算机显示器的发展趋势。

液晶显示器亮度比较高，但响应时间过长，容易看到上个画面的残留影像，也就是拖尾现象，造成使用者的视觉疲劳，而等离子显示器则可以减轻显示器画面对视网膜的刺激，减轻眼部疲劳感。等离子显示器用来显示动态图像就会很饱满，而液晶显示器用来显示文字和图片就很细腻。简单来说，上网适合用液晶显示器，看电影适合用等离子显示器。

笨重的 CRT 已过时　　　　　文字图像细腻的液晶是主流　　　　　适合视频播放的等离子

图 2-24　显示器类型

2.6.2　显示器的技术指标

屏幕尺寸：即显示器标示的尺寸。液晶显示器所标示的尺寸就是实际可以使用的屏幕范围。以屏幕对角线的长度来标示，以英寸为单位，1 英寸约为 2.54 厘米。

最佳分辨率：即液晶显示器支持的最大分辨率，也是显示效果最好的分辨率，选择显示器时要注意，现在 1920×1080（2K）是主流选择。4K、8K、甚至 9K 也已经出现。

可视角度：指用户可以从不同的方向清晰地观察屏幕上所有内容的角度。由于提供 LCD 显示器显示的光源经折射和反射后输出时已有一定的方向性，在超出这一范围观看就会产生色彩失真的现象。可视角度都是左右对称的，但上下就不一定对称了，常常是上下角度小于左右角度。广角显示器的特点是多角度看显示器不变色。广角显示器一般有 178/178° 的视角。TN 目前可视角度一般为 170/160°。

2.6.3　液晶面板

液晶面板主要分为两大类，即 TN 和广角面板。TN 类面板生产技术成熟，良品率高，价格便宜；缺点是视角小，色彩只能达到 16.7M 色，不利于色彩的还原。广角面板则分为 IPS 面板、VA 面板、PLS 面板、ADS 面板等几种，色彩均可达到 16.7M 色且视角超过 170°。广角面板价格普遍偏高，但随着经济型液晶面板的出现，价格相对可以接受。

TN 响应速度快，价格最便宜，但视角不够宽，亮度较低；VA 宽视角，对比度高，但响应速度慢，色偏较大；IPS 受挤压情况下不会发生水波纹现象（硬屏技术），宽视角，色偏较好，但响应速度慢，IPS 是目前的主流产品；PLS 是三星生产的硬屏，与 IPS 类似；ADS 也是硬屏，与 PLS 类似，产品较少。

2.6.4　LCD 与 LED

LED 是指液晶显示器（LCD）中的一种，即以 LED（发光二极管）为背光光源的液晶显示器（LCD）。可见，LCD 包括 LED。与 LED 相对应的是 CCFL。

CCFL 是指用 CCFL（冷阴极荧光灯管）作为背光光源的液晶显示器（LCD）。

CCFL 的优势是色彩表现好，不足在于功耗较高。

LED 是指用 LED（发光二极管）作为背光光源的液晶显示器（LCD），通常意义上指 WLED（白光 LED）。

LED 的优点是体积小、功耗低，因此用 LED 作为背光源，可以在兼顾轻薄的同时达到较高的亮度。现在的液晶显示器一般都是 LED 背光。

2.7　如何选择硬盘

本节将介绍计算机的数据仓库硬盘，从而让读者知道从哪些方面去判断硬盘的性能。

2.7.1　认识硬盘

硬盘属于存储器，操作系统、软件、资料等数据基本上都存放在硬盘中。硬盘可以长久地保存数据，具有断电不丢失数据的特性。

硬盘可分为固态硬盘（SSD 盘，新式硬盘）、机械硬盘（HDD，传统硬盘）和混合硬盘（HHD，一块基于传统机械硬盘诞生出来的新硬盘）。

SSD 采用闪存颗粒来存储；HDD 采用磁性碟片来存储；混合硬盘（Hybrid Hard Disk，HHD）是把磁性硬盘和闪存集成到一起的一种硬盘。

固态硬盘和机械硬盘的内部结构是有差别的，如图 2-25 所示。

SATA 接口的固态硬盘　　　　　　　　　　　SATA 接口的机械硬盘

图 2-25　硬盘结构

2.7.2　硬盘的性能指标

经过多年发展，硬盘的尺寸大体上有以下几种。

3.5 英寸硬盘，广泛用于各种台式机。

2.5 英寸硬盘，广泛用于笔记本电脑、一体机、移动硬盘及便携式硬盘播放器。

1.8 英寸微型硬盘，广泛用于超薄笔记本电脑、移动硬盘及苹果播放器。

1.3 英寸微型硬盘，产品单一，三星独有技术，仅用于三星的移动硬盘。

1.0 英寸微型硬盘，MicroDrive 微硬盘（简称 MD），广泛用于单反数码相机。

0.85 英寸微型硬盘：日立独有技术，已知用于日立的一款硬盘手机。

硬盘容量：是硬盘最主要的参数之一。硬盘的容量以 MB（百万字节）、GB（十亿字节）、TB（万亿字节）为单位。常见的换算式为：1TB=1024GB；1GB=1024MB；1MB=1024KB；1KB = 1024B。

硬盘厂商通常使用的换算式为：1TB=1000GB；1GB=1000MB；1MB=1000KB；1KB = 1000B。而 Windows 系统，依旧以 1024 换算，因此我们看到的硬盘容量会比厂家的标称值要小。厂商标称 1GB 到系统中大约只有 0.93GB。

对于机械硬盘，硬盘的技术指标还包括硬盘的单碟容量。所谓单碟容量是指硬盘单片盘片的容量，单碟容量越大，单位成本越低，平均访问时间也越短。所以同容量的机械硬盘，碟片少的一般要快些。

一般情况下硬盘容量越大，单位字节的价格就越便宜，但是超出主流容量的硬盘例外。目前主流容量 1000GB 的硬盘，价格比 500GB 的稍贵，但容量翻倍。

机械硬盘的速度还受到转速的影响。

转速：是硬盘内电机主轴的旋转速度，也就是硬盘盘片在一分钟内所能完成的最大转数。硬盘的转速越快，硬盘寻找文件的速度也就越快，相应的硬盘的传输速度也就越快。硬盘转速以每分钟多少转来表示，单位 rpm（转/每分钟）。

台式机机械硬盘主要是 5400rpm 和 7200rpm，7200rpm 的优于 5400rpm 的；笔记本电脑则是以 4200rpm、5400rpm 为主；服务器使用的 SCSI 硬盘转速基本都采用 10000rpm，甚至还有 15000rpm 的，性能要超出家用产品很多。

硬盘数据传输速率：是指硬盘读写数据的速度，单位为 MB/s（兆字节每秒），包括了内部数据传输率和外部数据传输率。

内部传输率：也称为持续传输率，它反映了硬盘缓冲区未用时的性能。一般转速快的、碟片少的内部传输率相对较高。

外部传输率：也称为突发数据传输率或接口传输率，它标称的是系统总线与硬盘缓冲区之间的数据传输率，外部数据传输率与硬盘接口类型有关，而持续时间和硬盘缓存的大小有关。

缓存：是硬盘控制器上的一块内存芯片，具有极快的存取速度，它是硬盘内部存储和外界接口之间的缓冲器。缓存的大小是直接关系到硬盘的传输速度的重要因素，能够大幅度地提高硬盘整体性能。

机械硬盘接口一般为 SATA 接口，具体速度可参照前面的图 2-17。而机械硬盘的内部速度现在一般在 100MB/s 左右。

2.7.3 M.2 接口的固态硬盘

固态硬盘接口参照前面第 2.4.2 节的内容。这里说明一下 M.2 接口固态硬盘的尺寸，如图 2-26 所示。

接 口	mSATA	M. 2（NGFF）
宽度	30mm	22mm
长度	半高：30mm	标准：42mm、60mm、80mm
	全高：50mm	非标准：20mm、120mm
厚度	单面：约4.85mm	单面：2.15～2.75mm
	双面：约5mm	双面：3.5～3.85mm
接 口	SATA	SATA或PCI-E 2X或PCI-E 4X

mSATA 已过时，M.2 是当前主流

图 2-26　mSATA 与 M.2

有些笔记本电脑没有专用固态接口，但有光驱。需要的话可以把光驱位改造成硬盘位，需要的配件是光驱位硬盘托架。光驱位硬盘托架如图 2-27 所示。

图 2-27　光驱位硬盘托架

大多笔记本电脑光驱的 SATA 接口是慢速度的，加装固态硬盘应该把原机械硬盘接光驱位置，固态硬盘接原机械硬盘位置。需要注意的是，笔记本电脑光驱常见的厚度有两种，一种是 12.7mm，另一种是 9.5mm，选购光驱位硬盘托架要先确定光驱的厚度。

2.7.4　硬盘的维护

特别强调一下，硬盘有价，数据无价。保护好硬盘是很重要的事情。机械硬盘要特别注意防震。硬盘要控制环境温度，防止潮湿，远离磁场。

机械硬盘定期整理碎片，而固态硬盘不需要整理碎片，但在格式化的时候要 4K 对齐。具体内容见第 4 章 4.5.1 节。

2.8　如何选购计算机

本节将介绍计算机的选购事项，从而让读者知道怎样去选择让人满意的计算机。

2.8.1　先考虑清楚需求

随着计算机技术的发展，笔记本电脑在人们生活中的应用日趋普遍。笔记本电脑制造商提供了各种不同的分类产品：超便携产品、经济适用类产品、主流产品、高端产品和平板电脑。

面对市场上众多品牌和型号的笔记本电脑，首先请大家铭记一个最朴素的消费原则——"适合自己的才是最好的"。也就是说：不同的应用需求需要购买不同类型的笔记本电脑。

先确定自己需要什么尺寸的笔记本电脑。用于取代家里的台式机，只是放在家里用，移动需求不大的用户，可以选择 15 寸以上的机型，家庭娱乐机型；如果需要经常出差外出使用的，则应该选择相对轻便的 12 寸、13 寸机型；如果是学生平时住宿舍只是需要周末才把笔记本电脑带回家用的，可以选择性价比较高的 14 寸机型。

然后根据对性能的要求来选择笔记本的配置，如果是经常出差注重电池续航能力的应该选择集成显卡等功耗低的机型；而如果家庭娱乐用的则需要大屏幕、音响效果好的机型；而如果一般只是上网、炒股等一些简单应用则只需要一款最普通的基本配置的笔记本就已经足够了；而如果是一些专业的图形设计者、骨灰级玩家则应该需要一台性能强大的机型。

根据对性能的要求，用户大体上可分为以下几种。

基础用户：购买一般配置的主流笔记本电脑即可，其配置要求并不高，只要能应付日常文档处理、普通商务演示、网站浏览、电子邮件收发等应用即可。

主流用户：在选购时可以选择娱乐商务兼顾的机种，还应考虑端口的齐全性。对于频繁移动办公的用户来说，因为需要经常出差来移动办公，那么在选购时更多应考虑机器携带的便捷性。

高端用户：产品除了要能满足复杂的应用需求，舒适性和稳定性更是非常重要的考量指标。

2.8.2　再进行经济预算

选购计算机要进行经济预算。经济预算的依据除了要看你买笔记本电脑的主要目的是什么外，还要看你的经济承受能力有多强。

经济承受能力强的消费者，即使买笔记本电脑的主要目的是用来打字和上网的也要买好一点的，因为谁都不知道自己以后会不会用笔记本电脑来做一些比较复杂的工作，而且配置越高的笔记本用途就越广，也越好用，不要过于迷信够用就好的原则。对于经济承受能力强的消费者而言不论买来做什么的都要买好一点的，预算可高一些；而对于经济承受能力较弱的消费者来说，则要多算计，预算可少一些，在配置上尽量做到够用就好，但不要过于勉强，如确实因工作需要的，可买配置高一些的笔记本，哪怕借钱预算也要多一些，否则买回来后不能满足你的工作需要，致使工作效率偏低是得不偿失的。

现在市场上 4000 元以下的笔记本电脑是最基本的配置的笔记本，适合只是简单应用的用户；5000 元左右的笔记本电脑基本都是 i5 级的处理器，还配备了独立显卡，适合对性能有一定要求的用户；6000～7000 元的笔记本电脑则基本上都配备了 i7 级的处理器，还有较好的独立显卡，适合喜欢玩游戏的用户；而 7000～9000 元的笔记本电脑则基本上已经具备不错的性能了，适合对性能要求高的中高端用户；而万元以上的笔记本电脑则适合一些有特殊要求的用户，比如说要续航时间长又相当轻薄的笔记本电脑，或者追求顶级性能的骨灰级玩家、图形设计者等用户。

2.8.3　选定几款"候选"

真正购买前先选定几款"候选"笔记本电脑。要很好地完成这一"任务"，可以先到一些 IT 资讯网站去查找相关的产品参数资料。例如，中关村在线（http://www.zol.com.cn/）里面就有众多不同品牌、型号的笔记本电脑的详细资料供我们查找。另外，为了能查到更多相关产品的资料，可以在多个 IT 资讯网站里查找相关产品的详细参数，不同的网站所提供的产品参数可能会有些不同，有些网站列出的产品参数，在其他网站可能没列出。当然，也可以用搜索工具来搜索候选产品的技术参数资料，查到的产品资料越多，对比就越仔细，越容易选到合适的笔记本电脑。

查找评测、分析、导购之类的文章。产品资料往往只有产品的技术参数和技术指标，而缺乏对产品深入的分析和同类产品之间的对比，评测、分析、导购之类的文章能满足消费者的深入了解相关产品的需要。这类文章通常能在 IT 资讯网站里找到，例如中关村在线网站就有很多，可以到特定的频道（如笔记本频道）里找。当然，有些门户网站和其他类型的网站也提供这类的文章，所以，也可以用搜索工具来查找。用笔记本电脑产品名和型号作为搜索的关键词来查找，这样通常能找出一大堆的相关文章来，能为购买者在选购前的决策做重要的依据。

再推荐两个比较好的 IT 网站：太平洋计算机网：http://www.pconline.com.cn/；天极网：http://www.yesky.com/。

2.8.4 如何判断价格

计算机价格可以参考中关村在线、太平洋计算机网以及京东等网站的价格。这几个网站都会给出产品的参考价，几个价格综合一下，计算机大概的价位就出来了。

2.8.5 购买时的注意事项

做好了准备工作，在购买时还要注意以下事项。

1. 检查外观：验货时一定要检查原包装，当面拆封、解包，注意包装箱的编号和机器上的编号是否相符，这样可以防止返修机器或残品当作新品出售。

2. 检查屏幕：当打开计算机时，除了直接看屏幕的显示品质之外，也要检查看屏幕上有没有坏点，不良的显示器有伤眼睛。

3. 检查散热：散热对一台笔记本电脑而言非常重要。一台笔记本电脑散热的设计处理如果不好，轻则耗电、缩短电池持续力，重则系统不稳定、经常死机，甚至缩短笔记本电脑使用寿命。现场检查散热好坏的要诀就是直接触摸。等到笔记本电脑开机大概十分钟后，用你的手掌摸键盘表面，以及笔记本电脑的底盘，可以感觉到一个最热的地方，如果觉得烫手，表示这台笔记本电脑散热效果不佳。

4. 坚持自己的观点，不要被销售员迷惑。

5. 最重要的一点，拿到货了，确认没有问题了，再付款。

2.8.6 "三包" 事项

国家技术总局为了保护消费者权益而制定的《微型计算机商品修理更换退货责任规定》（国家"三包"）中说明：笔记本（包括任何技术产品）7 天内出现质量问题的时候，给予退货，换货。在 15 天内出现质量问题给予换货，在 1 年内出现问题给予免费维修；2 年内主要部件可以免费维修（主要部件为：主板、CPU、内存、硬盘驱动器、电源、显示卡）。人为出现的问题不能给予免费维修。

当计算机出现问题的时候，要到厂家指定维修站进行维修，如果是在 7 天或 15 天内出现问题，想更换，就一定要到维修站点进行检测，出了检测报告后就可以到购买的商户进行更换或退货了。

根据国家规定，享受"三包"必须持有正规的购买凭证，即正规发票，只有持有正规发票，才可以真正有保障地享受"三包"服务。

2.8.7 选购台式机补充说明

台式机和笔记本电脑的选购事项基本相似。但要注意的是台式机是可以进行组装的。我们在这里以台式机的各个部分做如下说明。

台式机构成可分成两大部分，一是主机，二是外设。

主机部分：

CPU：计算机的心脏，负责运算。一般来说频率越高、核心数越多、线程数越多、缓存越大性能越好。

显卡：计算机的显示核心，用于处理图像数据。如果是游戏玩家或者图形工作者，需要独立显卡。

如果只是用来上网的，可以不购买独立显卡。

内存：用于 CPU 和硬盘交换数据，进行临时存储。一般来说容量越大、频率越高性能越好。现在建议组成双单通道内存。

硬盘：计算机的所有文件均存储于此。硬盘容量越大，存储的文件越多，硬盘运行速度越快，系统的运行速度也会越快。

主板：计算机的各部件安插在主板上协同工作，性能不好的主板会拖慢整个计算机。

电源：给计算机各部件供电的设备，是计算机的重要组成部分。

机箱：用于保护机箱内部的所有部件，结实的比较好。

外设部分：

显示器：用于显示计算机的图像，现在主流是广角的 2K 屏。

键盘、鼠标：用于操作计算机。

音响、话筒：用于输出声音和输入声音等。

摄像头：用于摄像、视频聊天、拍照等。

2.9 联网模拟购机

本节将介绍计算机的模拟选购，让读者能够动手去选择计算机。

2.9.1 组装台式机

扫码看视频教程

目前在互联网上，有多个网站提供模拟购机功能。这里推荐 3 个：中关村在线的 ZOL 模拟攒机 http://zj.zol.com.cn/；京东的装机大师 https://diy.jd.com/；太平洋网络的自助装机 http://mydiy.pconline.com.cn/。在这里以 ZOL 模拟攒机为例，如图 2-28 所示。

上面选择大类，右侧选配件后加入到左侧的清单；每个配件可以单击"更多参数"进行详细查看

图 2-28 ZOL 模拟攒机

2.9.2　笔记本电脑

选购笔记本电脑，可以进入中关村在线的 ZOL 笔记本频道 http://nb.zol.com.cn/ 进行选择，具体如图 2-29 所示。

扫码看视频教程

直接单击各筛选选项进行筛选

图 2-29　ZOL 笔记本频道

单击筛选选项则进入下一步筛选界面，如图 2-30 所示。

图 2-30　进一步筛选笔记本电脑

然后可以选择某一款产品进行详细查看，如图 2-31 所示。由于参数过多，图中仅显示了一部分。

图 2-31　笔记本电脑的详细参数

案例演练　网吧计算机配置

【案例导入】

小王刚刚接到一个新项目，朋友新开一个网吧，需要购进一批计算机。计算机要求能够支持目前主流的网络游戏。

【配置说明】

网吧计算机要兼顾性能和价格。在 CPU 方面选择主流的 i5，可以满足运算方面的各种需要，在显卡方面，选择 1050Ti 的显卡，既能保证性能又不会太贵。选择固态硬盘，则能给使用者带来极速的体验。

【案例操作】

计算机配置			
CPU	Intel 酷睿 i5 6500	显卡	华硕 ROG STRIX-GTX 1050Ti-O4G-GAMING
主板	华硕 PRIME B250M-PLUS	机箱	Tt 领航者（标准版）
内存	海盗船 复仇者 LPX 8GB DDR4 2400（CMK8GX4M1A2400C14）	电源	海盗船 VS550
固态硬盘	三星 850 EVO SATA III（120GB）	键盘及鼠标	Razer 地狱狂蛇游戏标配键鼠套装
显示器	航嘉 D2461WHU/DK		

本章总结

通过本章的学习，读者应能够知道主流计算机配件的性能情况、型号情况，能够熟练地选购计算机。

练习与实践

【单选题】

1. 下列计算机类型中，哪种最适合携带？（　　　）

　A. 台式机　　　　　B. 笔记本电脑　　　　C. 一体机　　　　　D. 品牌机

2. 下列参数中，哪一项是选购 CPU 不需要考虑的因素？（　　　）

　A. 主频　　　　　　B. 核心数　　　　　　C. 缓存　　　　　　D. 重量

【多选题】

1. 下列哪些参数是选择显卡时需要考虑的？（　　　）

　A. 显示芯片　　　　B. 显示接口　　　　　C. 显存频率　　　　D. 显存位宽

2. 下面哪些接口是主板上可以有的？（　　　）

　A. USB　　　　　　B. HDMI　　　　　　C. VGA　　　　　　D. IDE

【判断题】

1. 选购计算机只要考虑 CPU 性能就可以了。（　　　）

　A. 对　　　　　　　B. 错

2. 显卡只是负责图像转换，对计算机的性能没多大影响。（　　　）

　A. 对　　　　　　　B. 错

3. 一般情况下固态硬盘比机械硬盘速度快。（　　　）

　A. 对　　　　　　　B. 错

【实训任务一】

选购笔记本电脑	
项目背景介绍	小刘上大学了，学习的是平面设计，主要使用 PS 软件，需要选购一台笔记本电脑，以满足小刘的学习需求
设计任务概述	1. 分析需要 2. 确定预算 3. 网上确定备选 4. 确定结果
实训记录	
教师考评	评语： 　　　　　　　　　　　　　　　　　　　　　辅导教师签字：＿＿＿＿＿＿

【实训任务二】

选购台式机	
项目背景介绍	小王学习的是影视动漫专业，毕业后进入一家动漫公司，公司要给他配置一台计算机满足他做动漫的需求
设计任务概述	1. 分析需要 2. 确定预算 3. 网上模拟购机
实训记录	
教师考评	评语： 辅导教师签字：＿＿＿＿＿＿＿

第3章

制作启动U盘

本章导读

■ 计算机有了，并不能保证系统不会出问题。一旦需要重新安装系统，就需要安装系统的工具。现在流行使用U盘安装系统，目前已经很少使用光盘安装系统。本章主要讲述如何去下载、安装、使用U盘启动盘制作工具；如何去获取系统文件。其目的是让读者能够将一个U盘制作成计算机启动盘，并放入相应的系统文件。

■ 本章的最后安排了实训——制作一个U盘启动盘并放入相应的系统文件、个性化启动盘，通过实训使读者知道如何制作启动盘，并且拥有一个可以使用的启动盘。

学习目标

■ 掌握U盘启动盘的制作
■ 掌握系统安装文件的获取
■ 掌握个性U盘启动盘的制作

技能要点

■ U盘启动盘制作软件的使用
■ UEFI启动盘的制作
■ 系统安装文件的选择
■ 制作个性化U盘启动盘

实训任务

■ 制作U盘启动盘
■ 制作个性化U盘启动盘

效果欣赏

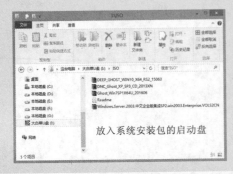

放入系统安装包的启动盘

3.1 下载 U 盘启动盘制作工具并安装

本节将介绍如何从网上找到 U 盘启动盘制作软件，并且完成软件的安装。

3.1.1 下载 U 盘启动盘制作软件

目前有很多好用的 U 盘启动制作软件，如"大白菜""老毛桃""U 启动"等，在这里我们选用功能比较全且比较好用的"大白菜"。

打开浏览器，输入网址：http://www.bigbaicai.com/，如图 3-1 所示。

扫码看视频教程

图 3-1　下载 U 盘启动盘制作软件

我们可以看到有两个版本，即装机版和 UEFI 版。可以根据计算机情况选择一种，对于新的计算机，建议下载 UEFI 版。

 提示　想尝试其他的 U 盘启动盘制作软件的读者，可以直接通过百度搜索，操作步骤基本相同。

3.1.2 安装 U 盘启动盘制作软件

安装文件下载完成后，我们直接双击安装文件开始安装，如图 3-2 所示。

图 3-2　安装大白菜 U 盘启动盘制作软件

3.2 制作 U 盘启动盘

本节将介绍如何制作 U 盘启动盘。

3.2.1 制作装机版 U 盘启动盘

我们需要一个空白的 U 盘，建议至少有 8GB 的容量。现在一个 Windows 7 或 Windows 10 系统的安装文件一般在 4GB 左右。

> 如果拿一个有文件的 U 盘制作启动盘，应该先把需要保留下来的文件转移到其他地方，因为在制作启动盘时会清空 U 盘。
> 因为软件涉及对可移动磁盘（U 盘）的读写操作，可能会引起部分安全相关软件误报，导致制作失败，所以制作启动盘前务必先"退出相关安全软件"，例如，360 安全卫士。

打开安装好的大白菜装机版，插入 U 盘，等待软件成功读取到 U 盘之后，单击【开始制作】进入下一步操作，如图 3-3 所示。

图 3-3　制作装机版启动 U 盘

选择设备：界面会显示我们的 U 盘，如果插入了多个 U 盘，先选好要进行操作的 U 盘，为了避免出现错误操作，建议制作时只插一个 U 盘。

写入模式：系统默认为【HDD - FAT32】，一般不需要修改。【HDD - FAT16】只能支持 2GB 以内的分区；ZIP 为一种软驱模式，不建议使用；HDD 为硬盘模式，即把 U 盘当硬盘用，现在一般都采用这种模式。

在弹出的信息提示窗口中，单击【确定】进入下一步操作，如图 3-4 所示。

耐心等待大白菜装机版 U 盘制作工具对 U 盘写入相关数据，如图 3-5 所示。

完成写入之后，在弹出的信息提示窗口中，单击【是】进入模拟启动，如图 3-6 所示。

图 3-4　制作启动 U 盘时警告信息

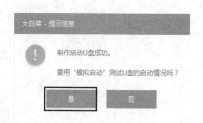

图 3-5　制作启动 U 盘写入数据　　　　　　　　图 3-6　制作完成信息

模拟计算机成功启动，说明大白菜 U 盘启动盘已经制作成功，按住 Ctrl+Alt 组合键并释放鼠标，关闭窗口完成操作。出现图 3-7 所示的画面则模拟启动成功。如果不能出现，则一般为制作失败。

 提示　常见失败原因是忘了关闭安全相关软件或是 U 盘质量有问题。

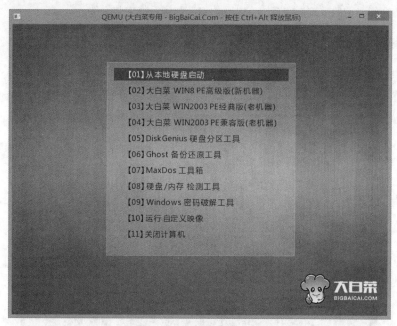

图 3-7　模拟启动成功画面

3.2.2　制作 UEFI 版 U 盘启动盘

单击打开下载并且安装好的大白菜 UEFI 版 U 盘制作工具，选择【默认模式】，单击【开始制作】，如图 3-8 所示。后面制作过程和制作装机版 U 盘启动盘相同。

图 3-8　制作 UEFI 版启动 U 盘

3.3　准备好系统安装包

在本节中将介绍当前的主流操作系统，以及如何获取到系统安装文件。

3.3.1　选择操作系统

先看看操作系统所占的市场份额。这里采用百度的统计，算是比较准确的。登录网址：http://tongji.baidu.com/data/os，看一下 2017 年 5 月的统计信息，如图 3-9 所示。

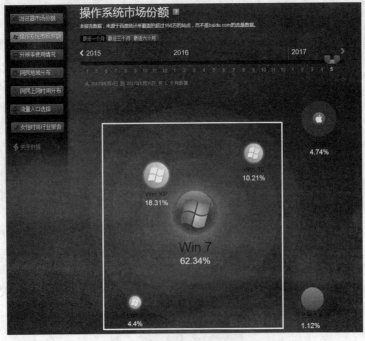

图 3-9　百度统计的操作系统市场份额

目前 Windows 7、Windows 10、Windows XP 系统占了主流，这里主要学习这 3 个系统相关的知识。

3.3.2 获取系统安装文件

如果有正版系统光盘，可以将所有文件放入 U 盘的一个文件夹中。

系统分为 32 位版和 64 位版，现在的计算机硬件都支持 64 位，为了更好地发挥计算机的性能，建议选择 64 位版的系统。X64 表示 64 位版，X86 表示 32 位版。

根据系统的安装方式，系统安装文件还可以分为手动安装版和克隆版（GHOST）。正版都是手动安装版，需要一步步地进行安装系统，相对来说安装得比较慢，比较麻烦，但是稳定；GHOST 版是把安装好的系统经过处理之后打包成文件，把文件直接装到其他计算机，优点是安装得快，而且一般经过了优化处理、补丁打得也比较齐、还会附带一些小的软件，缺点是稳定性稍差。现在国内的安装系统，一般选 GHOST 版。

网上选择一个系统，单击进去看说明，觉得合适就可以下载下来。下载的文件都是 ISO 格式的文件，可以直接放入 U 盘使用。下载的文件如图 3-10 所示。

名称	修改日期	类型	大小
DEEP_GHOST_WIN10_X64_RS2_15063.iso	2017/3/23 18:35	光盘映像文件	3,993,390 KB
DNC_Ghost_XP_SP3_CD_2013XN.iso	2013/1/13 17:12	光盘映像文件	713,146 KB
Ghost_Win7SP1X64U_201606.iso	2016/6/14 18:27	光盘映像文件	4,104,504 KB
Windows.Server.2003.中文企业版集成SP2.win2003.Enterprise.VOLS2CN.iso	2009/11/9 17:50	光盘映像文件	670,046 KB

图 3-10　下载好的系统安装文件

3.4 将系统安装包放入启动盘

本节介绍将准备好的系统文件放入 U 盘。

3.4.1 启动盘的目录结构

启动盘制作成功后，自动生成的目录结构如图 3-11 所示。

图 3-11　装机版启动盘的目录结构

将 GHO 镜像或者包含有 GHO 的 ISO 文件复制到 GHO 目录，进入 WIN PE 时会自动弹出一键安装程序。将 ISO 镜像包复制到 ISO 目录下，进入 WIN PE 时会自动弹出一键安装程序。

3.4.2 将系统文件放入启动盘

实际上，为了安装系统的需要，系统安装文件放到 U 盘的任何位置都有效，甚

扫码看视频教程

至在硬盘上的系统安装文件都会被自动找出来。放到对应的目录下只是为了方便管理。一般建议放到 ISO 目录，效果如图 3-12 所示。

图 3-12　将系统文件放入启动盘

3.5　个性化启动盘

通过软件做出来的启动盘都是一样的，为了满足一些人的个性化要求，在本节中将介绍如何制作个性化界面的启动盘。

3.5.1　个性化设置

运行制作软件，单击【个性化设置】后面的【高级设置】，进入个性化设置界面，如图 3-13 所示。

图 3-13　个性化设置界面

准备好一张背景图片，如图 3-14 所示。

图 3-14　新的背景图片

单击【启动背景】进行更换，效果如图 3-15 所示。

图 3-15　更换了背景图片

单击【保存】后，出现提示，如图 3-16 所示。

扫码看视频教程

图 3-16　保存改好的个性化设置

先进行个性化设置，然后保存设置，再制作 U 盘启动盘，才能看到效果。

对于其他的修改效果，感兴趣的读者可以自己尝试。

3.5.2 更换 U 盘的图标

单击【文件夹和搜索选项】，打开文件夹选项，设置好选项，就可以将隐藏的内容显示出来了，如图 3-17 所示。

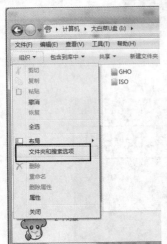
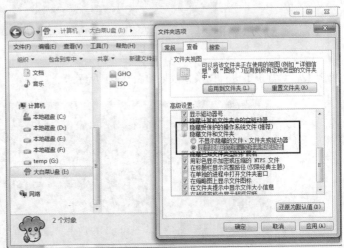

图 3-17 显示隐藏的内容

双击 autorun.inf 文件，将"icon="后面的文件名换成自己想要的图标名，保存后重插 U 盘，U 盘图标就换掉了，如图 3-18 所示。

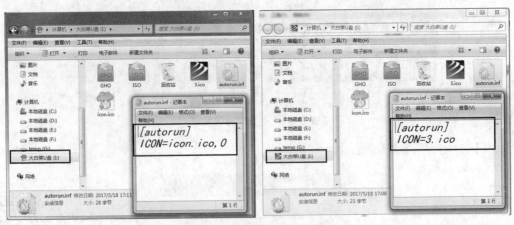

图 3-18 修改文件名并更换图标

只有 ico 格式的图片才可以做图标，其他的图片格式是不行的。

ico 的图片有尺寸限制，现在系统最大可以支持 256 像素×256 像素。

更换了图标的 U 盘，如图 3-19 所示。

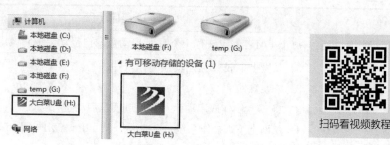

图 3-19　更换了图标的 U 盘

扫码看视频教程

3.5.3　其他启动盘制作软件

如果想选用其他制作软件，可以自行下载，下面提供几种常见的下载网址。

老毛桃：http://www.laomaotaoupan.cn/

U 启动：http://www.uqdown.cn/

计算机店：http://u.diannaodian.com/

本章总结

通过本章的学习，读者掌握了 U 盘启动盘制作软件的下载、安装和使用方法，知道了如何获取系统文件，如何设置个性化启动盘。

练习与实践

【单选题】

1. 下列软件中，哪个可用于制作 U 盘启动盘？（　　　）

　　A．OFFICES　　　　　　B．鲁大师　　　　　　C．大白菜　　　　　　D．360 安全卫士

2. 常用光盘镜像文件的扩展名是下面哪一个？（　　　）

　　A．DOC　　　　　　　　B．CD　　　　　　　　C．TXT　　　　　　　D．ISO

【多选题】

1. 下面哪些属于操作系统？（　　　）

　　A．Windows XP　　　　B．Windows 10　　　　C．Windows 7　　　　D．LINUX

2. 下面哪些属于 U 盘启动盘制作软件？（　　　）

　　A．大白菜　　　　　　　B．老毛桃　　　　　　C．U 启动　　　　　　D．计算机店

【判断题】

1. 大白菜制作的 U 盘启动盘，系统文件必须放在 ISO 目录下。（　　　）

　　A．对　　　　　　　　　B．错

2. 大白菜 U 盘启动盘制作软件分为装机版和 UEFI 版。（　　　）

　　A．对　　　　　　　　　B．错

3. 现在的计算机只能通过 U 盘启动盘来安装操作系统。（　　　）

　　A．对　　　　　　　　　B．错

【实训任务一】

制作 U 盘启动盘	
项目背景介绍	每个学习者都应该有一个 U 盘启动盘。自己动手把它做出来吧
设计任务概述	1. 从网上下载 U 盘启动盘制作软件 2. 安装软件 3. 将 U 盘制作成启动盘，并通过模拟启动进行验证 4. 从网上下载操作系统，至少要有 Windows XP、Windows 7、Windows 10 系统的安装文件 5. 将文件放入 U 盘的对应位置 6. 更换 U 盘的图标
实训记录	
教师考评	评语： 辅导教师签字：＿＿＿＿＿＿

【实训任务二】

制作个性化 U 盘启动盘	
项目背景介绍	直接通过软件做出来的启动盘都一个模样，为了与众不同，发挥想象力，做出有个性的界面
设计任务概述	利用个性化设置，再加上想象力
实训记录	
教师考评	评语： 辅导教师签字：＿＿＿＿＿＿

第4章

安装操作系统

本章导读

■ 操作系统不能保证一直不出问题，而且有时还需要给计算机更换操作系统。读者应该学会自己解决这个问题。本章主要讲述如何设置计算机固件（BIOS/UEFI），如何进行分区，如何安装系统。其目的是使读者能够自己完成硬盘分区、安装系统等操作。

■ 本章的最后安排了实训——给计算机安装系统、给计算机设置 BIOS 开机密码，通过实训使读者进一步掌握安装系统的技巧。

学习目标

■ 掌握BIOS基本设置方法
■ 掌握硬盘分区方法
■ 掌握系统安装方法
■ 掌握系统激活方法
■ 掌握驱动安装方法

技能要点

■ BIOS开机密码设置
■ 计算机启动顺序设置
■ 操作系统安装技巧
■ 驱动安装技巧

实训任务

■ 进行BIOS设置，给计算机加上开机密码
■ 安装操作系统并进行系统激活

效果欣赏

计算机开机密码效果

4.1 进入 BIOS 设置

本节中将介绍如何进入一台计算机的固件设置程序，这是读者应该掌握的基本技能。

4.1.1 BIOS 与 UEFI

如图 4-1 所示，传统的计算机通常都是使用 BIOS 引导，开机 BIOS 初始化，然后 BIOS 自检，再引导操作系统，进入系统，显示桌面。

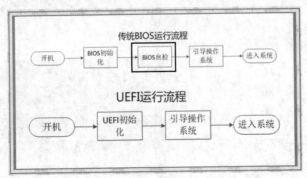

图 4-1 BIOS 与 UEFI 流程

UEFI 引导的流程是开机初始化 UEFI，然后直接引导操作系统，进入系统。和传统的 BIOS 引导相比，UEFI 引导少了一道 BIOS 自检的过程，所以开机就会更快一些，这也成为固件设置程序的新宠。

BIOS 是英文"Basic Input Output System"的缩略语，直译过来就是"基本输入输出系统"。其实，它是一组固化到计算机内主板上一个 ROM 芯片上的程序，它保存着计算机最重要的基本输入输出的程序、系统设置信息、开机后自检程序和系统自启动程序。其主要功能是为计算机提供最底层的、最直接的硬件设置和控制。BIOS 属于计算机的固件程序，UEFI 是一种新型的计算机固件。

现在的计算机，特别是笔记本电脑，一般买回来都是以 UEFI 为引导系统的，支持 UEFI 启动的 U 盘可以直接支持启动。对于非 UEFI 的 U 盘，则要先关闭 UEFI 功能才能通过该 U 盘启动。

要对计算机进行设置，需要先进入开机设置程序，习惯上称为"进入 BIOS 设置程序"。

4.1.2 进入 BIOS 设置程序

现在的计算机种类繁多，进入 BIOS 设置程序的按键也不尽相同。一般都需要在计算机刚通电的时候去按对应的按键。常用按键有 F2、F1、ESC、F8、F9、F10、F12、DEL 等。

对于有些型号的笔记本电脑，需要按住 Fn，再按上述按键。

目前常见的主板 BIOS 程序有 Award BIOS、Insyde H20 BIOS 和 AMI BIOS（Phoenix BIOS）3 种类型。

Award BIOS：是由 Award Software 公司开发的 BIOS 产品，其设置主界面如图 4-2 所示。在 Phoenix 公司与 Award 公司合并前，Award BIOS 便被大多数台式机主板采用。两家公司合并后，Award BIOS 也被称为 Phoenix-Award BIOS。

Insyde BIOS：全称 Insyde H20 Bios，采用通用可扩展固件接口（UEFI）架构技术，使原始设计制造商（ODM）和原始设备制造商（OEM）显著提高设计新硬件的效率。目前笔记本电脑大多采用这种类型。

AMI BIOS：也是在计算机中非常普及的一种 BIOS 程序，全名为 American Megatrends Inc。它主要以开机速度快捷而闻名，主要用于台式机。

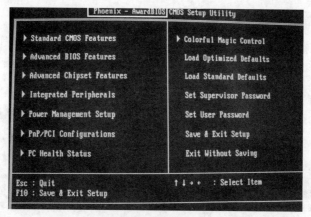

图 4-2　Award BIOS

AMI BIOS 的设置主界面如图 4-3 所示。

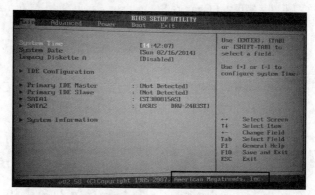

图 4-3　AMI BIOS

Insyde BIOS 的设置主界面如图 4-4 所示。

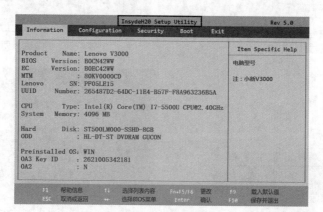

图 4-4　Insyde BIOS

4.2 设置主板密码

本节中将介绍如何给计算机设置开机密码，这可以有效地保护计算机不被他人随意进入。

4.2.1 AMI 设置开机密码

有些计算机一开机就出现图 4-5 所示的类似画面。输入正确的密码后才允许使用计算机。

AMI BIOS，进入 BIOS 以后通过键盘的方向键选择【Boot】菜单，然后找到【Security】，按 Enter 键进入，如图 4-6 所示。

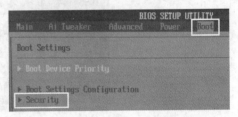

图 4-5 开机密码检测画面　　　　图 4-6 选择安全设置

在这里设置超级用户（Supervisor）密码，同样，设置用户（User）密码也是可以设置开机密码的。这里建议直接设置【Change Supervisor Password】。按 Enter 键进入，如图 4-7 所示。

扫码看视频教程

在弹出的窗口中重复输入两次要设置的 BIOS 开机密码，如图 4-8 所示。

出现图 4-9 所示的界面，说明 BIOS 开机密码已经设置完毕。

目前为止，只实现了进入程序需要密码的设置，要实现开机需要输入密码还要继续进行设置。选择【Password Check】，这里默认的是【SETUP】，按 Enter 键修改选项，如图 4-10 所示。

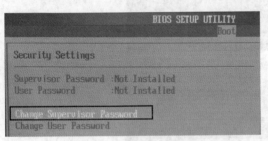
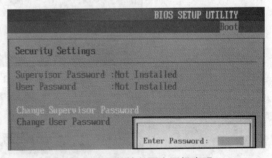

图 4-7 设置超级用户密码　　　　图 4-8 重复输入两次开机密码

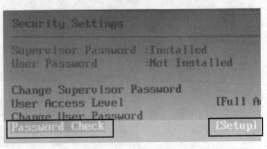

图 4-9 设置密码成功　　　　图 4-10 密码检测设定

在打开的【Options】选项窗口中选择【Always】，这样可以让密码总是生效，如图 4-11 所示。

图 4-11　密码检测设定为总是检测

最后按 F10 键，保存对 BIOS 设置的修改，重启计算机就可以看到刚才设置的 BIOS 开机密码输入窗口，只有输入 BIOS 密码才可以进入系统。

4.2.2　Award 设置开机密码

进入设置程序，按键盘向下箭头键移到【Advanced BIOS Features】，进入 BIOS 的设置画面，找到【Password Check】，进入后将选项由【Setup】改为【System】，按 Enter 键确认。具体如图 4-12 所示。

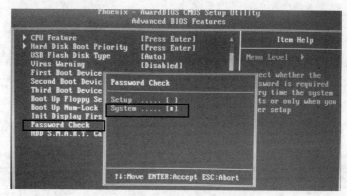

图 4-12　密码检测设定为开机检测

按 Esc 键，回到主画面。用方向键选择【Set Supervisor Password】或【Set User Password】，按键盘上的 Enter 键，设置开机密码，如图 4-13 所示。

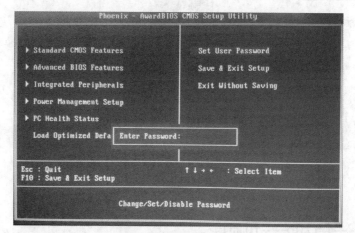

图 4-13　设置密码内容

按 F10 键保存，完成设置。

4.2.3　Insyde 设置开机密码

选择【Security】菜单下的【Set Administrator Password】，先设置管理员密码，如图 4-14 所示。

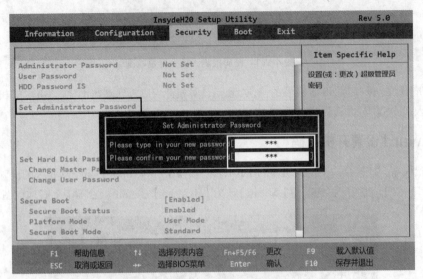

图 4-14　设置管理员密码

选择【Security】菜单下的【Password On Boot】来设置开机检测密码，选中【Enabled】，如图 4-15 所示。

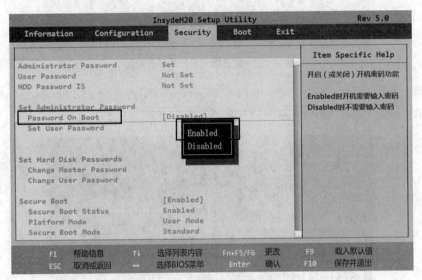

图 4-15　开启开机密码检测

按 F10 键保存，完成设置。

4.3　设置计算机启动顺序

学会从 U 盘引导启动计算机的方法，学会修改计算机的启动顺序。

4.3.1　Phoenix-Award BIOS

先把 U 盘插好。开机后按对应的按键进入 BIOS 设置界面，选择高级 BIOS 设置【Advanced BIOS Feature】，如图 4-16 所示。

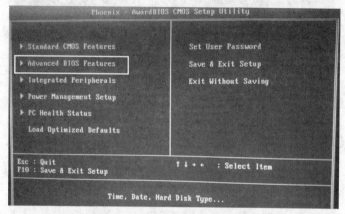

图 4-16　选择高级 BIOS 设置

在高级 BIOS 设置【Advanced BIOS Features】界面中，首先选择硬盘启动优先级【Hard Disk Boot Priority】，如图 4-17 所示。

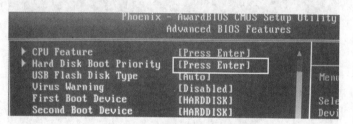

扫码看视频教程

图 4-17　选择硬盘启动优先级

使用小键盘上的加减号（有些计算机用 F5/F6 键）来移动设备的显示顺序，将 U 盘的标识移到列表的最上面，如图 4-18 所示。U 盘的标识是【USB-HDD】，如果没有这项，检查一下有没有插好 U 盘，或者可以重启计算机再试。

图 4-18　U 盘选中并移到最上面

按 Esc 键返回，再选择第一启动设备【First Boot Device】，按 Enter 键，选择【Hard Disk】，如图 4-19 所示。在 BIOS 里面，U 盘一般是当硬盘使用的。

图 4-19　设置第一启动设备为 U 盘

按 F10 键保存，完成设置。

4.3.2　AMI BIOS

先把 U 盘插好。开机后按相应的按键进入 BIOS 设置界面，移动方向键选择【Boot】菜单，再选择
【Hard Disk Drives】，如图 4-20 所示。

 有些版本的 AMI BIOS 没有这一项，可以跳过这项直接到下一项进行设置。

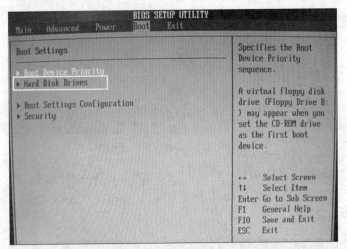

图 4-20　选择【Hard Disk Drives】

在【Hard Disk Drives】里面设置 U 盘为第一启动设备，按 Enter 键加方向键选择，如图 4-21 所示。

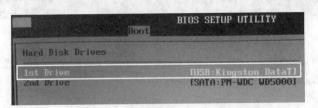

图 4-21　设置 U 盘为第一启动设备

按 Esc 键返回，再选择【Boot Device Priority】，如图 4-22 所示。
再次选择 U 盘作为第一启动设备，如图 4-23 所示。

图 4-22　选择 Boot Device Priority

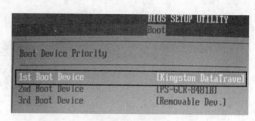

图 4-23　设置 U 盘为第一启动设备

按 Esc 键返回，再按 F10 键保存，完成设置。

4.3.3　Insyde BIOS

先把 U 盘插好。开机后按相应的按键进入 BIOS 设置界面，移动方向键选择【BOOT】菜单。如果是支持 UEFI 启动的 U 盘，【Boot Mode】选项为【UEFI】，将下面包含有 USB 的选项移动至第一位，如图 4-24 所示。

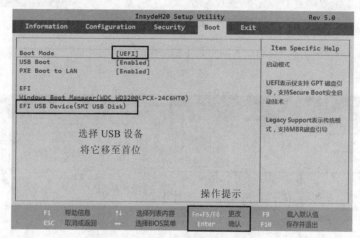

图 4-24　UEFI 中设置 U 盘启动（1）

如果 U 盘不支持 UEFI 启动，则将【Boot Mode】选项改为【Legacy Support】，再将【Boot Priority】选项改为【Legacy First】，并将【Legacy】中包含有 USB 的选项移至第一位，如图 4-25 所示。

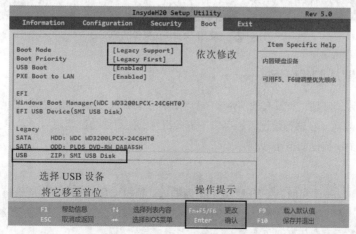

图 4-25　UEFI 中设置 U 盘启动（2）

是否使用 UEFI，还需要设置一个位置，如图 4-26 所示。

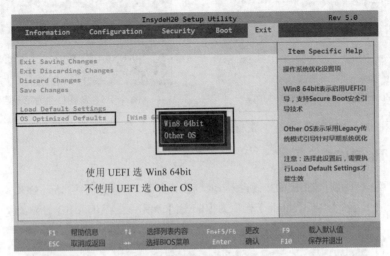

图 4-26　选择是否使用 UEFI

有些主板的 BIOS 有些特别，启动项的菜单是【Startup】，如图 4-27 所示。在实际操作时要灵活一点，主要的选项都差不多。

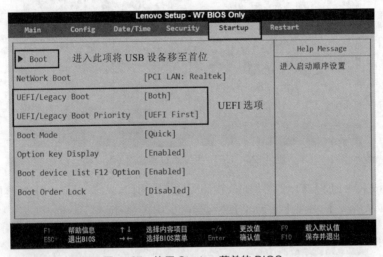

图 4-27　使用 Startup 菜单的 BIOS

4.3.4　利用热键从 U 盘启动

设置启动顺序比较麻烦，有没有快速从 U 盘启动的方法呢？答案是有的，前提是 BIOS 目前设定的模式适合使用者的 U 盘。在这种情况下，可以不进入设置，使用快捷键调用启动菜单，再直接选 U 盘启动。各种品牌产品的快捷键如表 4-1 所示。

在使用之前，需要将所做好的 U 盘启动盘插入计算机 USB 插口中，接着将计算机重新启动或者开启计算机，在见到带有品牌 LOGO 的开机画面时迅速按下启动快捷键方能成功使用。不能保证各厂家永久不变，如果不正确可多尝试其他热键。

表 4-1　调用启动菜单的快捷键

组装机主板				笔记本				品牌台式机	
品牌	按键	品牌	按键	品牌	按键	品牌	按键	品牌	按键
华硕	F8	冠盟	F11或F12	联想	F12	方正	F12	联想	F12
技嘉	F12	富士康	ESC或F12	宏基	F12	清华同方	F12	惠普	F12
微星	F11	顶星	F11或F12	华硕	ESC	微星	F11	宏基	F12
映泰	F9	铭瑄	ESC	惠普	F9	明基	F9	戴尔	ESC
梅捷	ESC或F12	盈通	F8	ThinkPad	F12	技嘉	F12	神舟	F12
七彩虹	ESC或F11	捷波	ESC	戴尔	F12	Gateway	F12	华硕	F8
华擎	F11	Intel	F12	神舟	F12	eMachines	F12	方正	F12
斯巴达克	ESC	杰微	ESC或F8	东芝	F12	索尼	ESC	清华同方	F12
昂达	F11	致铭	F12	三星	F12	苹果	长按"option"	海尔	F12
双敏	ESC	磐英	ESC	IBM	F12			明基	F8
翔升	F10	磐正	ESC	富士通	F12				
精英	ESC或F11	冠铭	F9	海尔	F12				

　　热键成功启动时，会出现类似图 4-28 所示的画面。注意区分有 UEFI 支持的和非 UEFI 支持的，实在分不清可以都试一下。

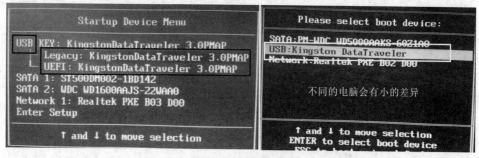

图 4-28　热键调用的启动菜单

4.4　用 U 盘启动计算机

　　计算机成功从 U 盘启动后，本节将学习启动后的操作。
　　U 盘启动计算机成功界面，如图 4-29 所示。

扫码看视频教程

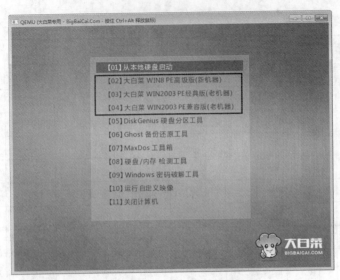

图 4-29　U 盘启动计算机界面

一般新计算机选【02】进入，旧计算机选【03】或【04】进入，差别主要是对新老硬件支持有差别。不能确定时可以每个都试试，哪个能用用哪个。进入之后，界面如图 4-30 所示。

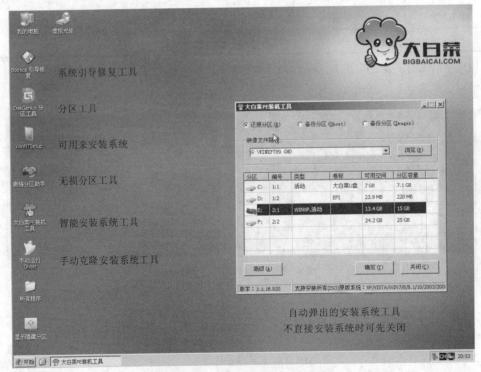

图 4-30　U 盘启动计算机后的界面

4.5　对硬盘进行分区

如果是新硬盘，或是对硬盘分区不满意，可以重新分区。如果是已经分好区的计算机，只是重装系统的话，就不需要重新分区了。本节主要讲解如何利用 DiskGenius 软件进行分区。

4.5.1　快速分区

双击 DiskGenius 分区工具，在打开的分区工具窗口中，选中想要进行分区的硬盘，然后单击【快速分区】进入下一步操作，如图 4-31 所示。

在打开的窗口里面设置分区的大小，如图 4-32 所示。确定之后等它完成就可以了。

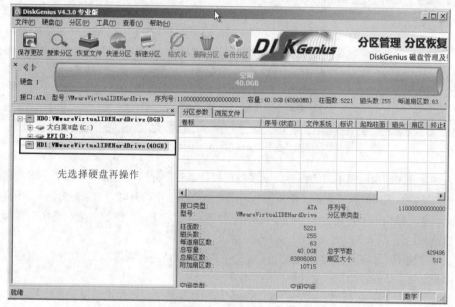

图 4-31　快速分区界面

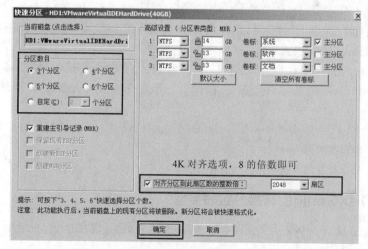

图 4-32　设定分区大小

4.5.2　DiskGenius 主界面

DiskGenius 的主界面由 3 部分组成，分别是硬盘分区结构图、分区目录层次图、分区参数图，如图 4-33 所示。

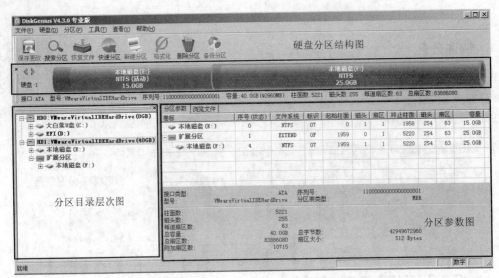

图 4-33 DiskGenius 的主界面

其中，硬盘分区结构图用不同的颜色显示了当前硬盘的各个分区。用文字显示了分区卷标、盘符、类型、大小。逻辑分区使用网格表示，以示区分。用亮色框圈表示的分区为"当前分区"。用鼠标单击可切换不同分区间。结构图下方显示了当前硬盘的常用参数。通过单击左侧的两个"箭头"图标可在不同的硬盘间切换。

分区目录层次图显示了分区的层次及分区内文件夹的树状结构。通过单击可切换当前硬盘、当前分区。也可单击文件夹以在右侧显示文件夹内的文件列表。

分区参数图在上方显示了"当前硬盘"各个分区的详细参数（包括起止位置、名称、容量等），下方显示了当前所选择的分区的详细信息。

为了方便区分不同类型的分区，本软件将不同类型的分区，用不同的颜色显示。每种类型分区使用的颜色是固定的，如 FAT32 分区用蓝色显示、NTFS 分区用棕色显示。"分区目录层次图"及"分区参数图"中的分区名称也用相应类型的颜色区分。各个视图中的分区颜色是一致的。

"当前硬盘"是指当前选择的硬盘。"当前分区"则是指当前选择的分区。本软件对硬盘或分区的多数操作都是针对"当前硬盘"或"当前分区"的操作。所以在操作前首先要选择"当前硬盘"或"当前分区"。

主界面的 3 个部分之间具有联动关系，当在任意一部分中单击了一个分区（更改当前分区）后，另外两部分将立即切换到被单击的分区。

主界面的各个部分都支持右键菜单，以方便操作。

4.5.3 通过 DiskGenius 转换分区表类型

软件支持传统的 MBR 分区表类型及较新的 GUID 分区表类型。现在的计算机使用 UEFI 启动就配套 GUID 分区表，不使用 UEFI 就配套 MBR。

如果硬盘是 MBR 格式，想装系统使用 UEFI 功能，需要转换分区表类型为 GUID 格式。磁盘的首尾部必须要有转换到 GUID 分区所必须的空闲扇区（几十个扇区即可），否则无法转换（把分区都删除掉再转换是肯定可以的）。执行该操作，选择要转换的磁盘后，单击菜单【硬盘】下的【转换分区表类型为 GUID 格式】项，程序弹出图 4-34 所示的提示。

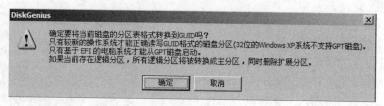

图 4-34　转换分区表类型为 GUID 格式

单击【确定】按钮完成转换。执行【保存分区表】命令后该转换才会实际生效。

如果硬盘是 GUID 格式，想转成 MBR 的话。由于 MBR 分区表有一定的限制（如主分区数目不能超过 4 个等），因此在转换时，如果分区数目多于 4 个，软件将首先尝试将后部的分区逐一转换为逻辑分区。如果无法转换到逻辑分区，分区表类型转换将失败。当然，删除掉分区再转换肯定是没问题的。选择要转换的磁盘后，单击菜单【硬盘】下的【转换分区表类型为 MBR 格式】项，程序弹出图 4-35所示的提示。

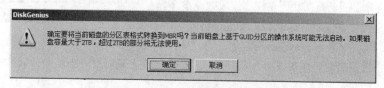

图 4-35　转换分区表类型为 MBR 格式

4.5.4　删除分区

先选择要删除的分区，然后单击工具栏【删除分区】按钮，或单击菜单【分区】下的【删除当前分区】项，也可以在要删除的分区上单击鼠标右键，并在弹出的菜单中选择【删除当前分区】项。程序将显示警告信息，如图 4-36 所示。单击【是】按钮即可删除当前选择的分区。

图 4-36　删除分区

4.5.5　建立新分区

创建分区之前首先要确定准备创建的分区类型。有 3 种分区类型，它们分别是"主分区""扩展分区"和"逻辑分区"。主分区是指直接建立在硬盘上、一般用于安装及启动操作系统的分区。由于分区表的限制，一个硬盘上最多只能建立 4 个主分区，或 3 个主分区和 1 个扩展分区。扩展分区是指专门用于包含逻辑分区的一种特殊主分区，可以在扩展分区内建立若干个逻辑分区。逻辑分区是指建立在扩展分区内部的分区，没有数量限制。

如果要建立主分区或扩展分区，请首先在硬盘分区结构图上选择要建立分区的空闲区域（以灰色显示）。如果要建立逻辑分区，要先选择扩展分区中的空闲区域（以亮色显示）。然后单击工具栏【新建分区】按钮，或选择【分区】下的【建立新分区】菜单项，也可以在空闲区域上单击鼠标右键，然后在弹出的菜单中选择【建立新分区】菜单项。程序会弹出【建立新分区】对话框，如图 4-37 所示。

按需要选择分区类型、文件系统类型、输入新分区大小后单击【确定】按钮即可建立分区。

对于某些采用了大物理扇区的硬盘，如 4KB 物理扇区的西部数据"高级格式化"硬盘，其分区应该对齐到物理扇区个数的整数倍，否则读写效率会下降。此时，应该勾选【对齐到下列扇区数的整数倍】并选择需要对齐的扇区数目。

对于 GUID 分区表格式，还可以设置新分区的更多属性。设置完参数后单击【确定】按钮即可按指定的参数建立分区。

新分区建立后并不会立即保存到硬盘，仅在内存中建立。执行【保存分区表】命令后才能在"我的计算机"中看到新分区。这样做的目的是防止因误操作造成数据破坏。要使用新分区，还需要在保存分区表后对其进行格式化。在保存分区表时，软件一般会提示进行格式化，选"是"即可。

活动分区是指用以启动操作系统的一个主分区。一块硬盘上只能有一个活动分区。一般情况下，软件会自动选好。

图 4-37　建立新分区

4.6　安装 Windows 10

创建完分区后，下面学习安装系统，用 U 盘启动盘安装各种 Windows 系统，过程基本上差不多，这里以 Windows 10 为例进行讲解。

4.6.1　U 盘装 GHOST WIN10

在进入大白菜装机版 PE 系统后，系统会自动弹出【大白菜 PE 一键装机工具】窗口，单击【浏览（B）】按钮进入下一步操作，如图 4-38 所示。如果是空硬盘（工具里面会看不到硬盘分区）可以先关掉大白菜PE 一键装机工具，分好区，再打开工具安装系统。

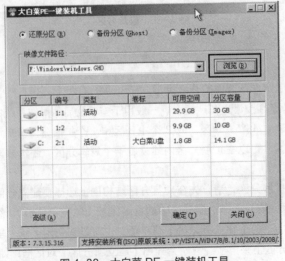

扫码看视频教程

扫码看视频教程

图 4-38　大白菜 PE 一键装机工具

找到存放在制作好的大白菜 U 盘启动盘中的 Windows 10 系统镜像包，单击【打开（O）】按钮进入下一步操作，如图 4-39 所示。

等待装机工具提取出安装 Windows 10 系统所需要的系统文件后，在下方磁盘分区列表中选择一个磁盘分区供安装系统使用，默认情况下建议选择硬盘的第一个分区，然后单击【确定（Y）】按钮进入下一步操作，如图 4-40 所示。

图 4-39　打开 Windows10 的 GHOST 镜像包

图 4-40　选择分区安装系统

接下来在弹出的提示窗口中单击【确定（Y）】按钮即可开始执行安装系统的操作，如图 4-41 所示。

耐心等待系统文件释放指定磁盘分区后完成计算机重启，并继续执行安装系统完成即可，如图 4-42 所示。

图 4-41　确定安装系统

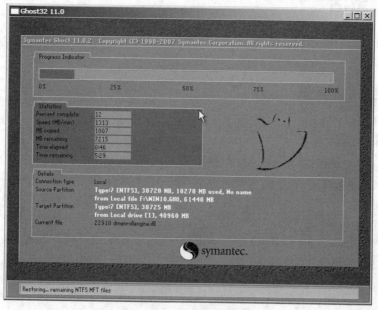

图 4-42　安装系统界面

4.6.2　U 盘装原版 Windows 10

U 盘装原版 Windows 10 的过程与克隆版基本一致。不同在于，打开镜像包选存原版 Windows 10 系统镜像包（参照图 4-39）。单击【确定（Y）】按钮，如图 4-43 所示。

耐心等待系统还原过程的完成，计算机还原完成之后将自动重启，如图 4-44 所示。

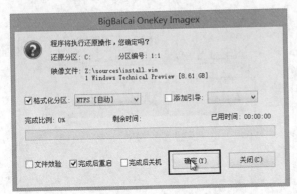

图 4-43　原版 Windows 10 安装界面

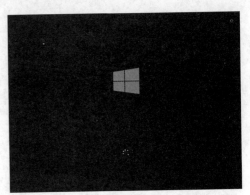

图 4-44　Windows 10 界面

4.7　安装其他 Windows 系统

学习了如何安装 Windows 10，下面将学习安装其他 Windows 系统。

不管是 Windows 7、Windows 8 还是 Windows XP，不管是安装原版还是 GHOST 版，用大白菜 U 盘启动盘来安装的话，整个安装过程都是一样的。用其他版本的 U 盘启动盘来安装系统，过程也基本没什么差别。

4.8　系统激活

现在的 Windows 7、Windows 8、Windows 10 系统，如果不激活，使用过程中就会出来一些烦琐的问题。

4.8.1　不激活系统的后果

在桌面上单击鼠标右键选择【此计算机】打开属性，可以看到系统的激活情况。单击右下角【激活 Windows】，如图 4-45 所示。

对于 Windows 7 来说有 30 天试用，如果过后不激活，桌面主题将被锁定为"黑色"，并且无法使用 Windows Update 更新系统补丁。如果过后不激活，不限制其他方式下载到本地更新补丁，不限制第三方任何程序、任何游戏运行。30 天使用期过后还有 3 次重置机会，也就是说试用期有 120 天。

新安装的 Windows 8.1 正式版，如果不激活的话，主要会造成以下几个方面的影响。Windows 8.1 桌面右下角会有"Windows 8.1 专业版（Buid 9600）"等水印字样，影响桌面美观；经常会频繁提示激活，而且是全屏提示的那种，在使用中会存在一些不便；应用商店无法安装应用；会有使用时间限制，一般可以免费试用 30 天，过期后 Windows 8.1 将无法正常使用，会出现黑屏或者出现激活界面，不激活将无法继续使用。

Windows 10 可以不激活，Windows 10 不激活的后果是平均 1～3 分钟计算机就会出现卡顿。总的来说，系统还是要激活的好。

图 4-45　检查系统激活情况

4.8.2　联机激活系统

鼠标单击图 4-45 所示的箭头指向的位置【立即激活 Windows】就可以进入激活界面，如图 4-46 所示。在产品密钥后面输入正确的密钥，单击下一步，就能联机激活，如图 4-46 所示。

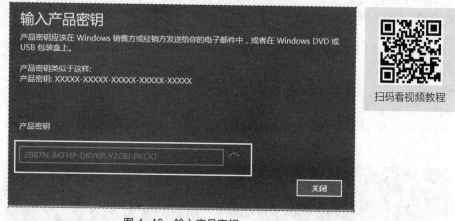

图 4-46　输入产品密钥

激活成功后，如图 4-47 所示。

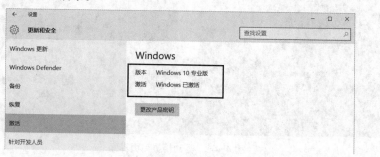

图 4-47　激活成功

需要产品密钥的可自行上网搜索。

4.9 安装驱动

驱动程序是一种可以使计算机和设备通信的特殊程序，可以说相当于硬件的接口。假如某设备的驱动程序未能正确安装，便不能正常工作。

4.9.1 设备管理器检查驱动

通过系统的设备管理器，我们可以了解驱动是否已安装好。在【控制面板】里找到【设备管理器】里面的【其他设备】，单击后，如图 4-48 所示（如果没有【其他设备】，则说明驱动正常）。

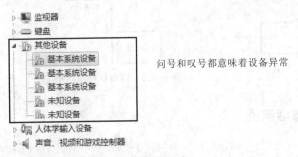

问号和叹号都意味着设备异常

图 4-48　驱动未安装好的设备

4.9.2 进行驱动安装

对于一般的学习者，推荐使用驱动精灵万能网卡版。可以直接从网上下载。其网站地址：http://www.drivergenius.com/，驱动精灵首页界面如图 4-49 所示。

图 4-49　驱动精灵首页界面

软件下载完毕后单击【一键安装】，如图 4-50 所示。

扫码看视频教程

图 4-50　安装驱动精灵

安装完成后，软件自动启动，如果计算机网卡未能正常工作，将出现网卡驱动安装画面，如图 4-51 所示。这也是选择驱动精灵万能网卡版的好处之一。

图 4-51　安装网卡驱动

网卡驱动后，让计算机连接到互联网，然后单击【立即检测】，继续安装其他驱动，如图 4-52 所示。

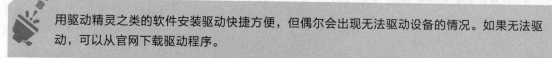
用驱动精灵之类的软件安装驱动快捷方便，但偶尔会出现无法驱动设备的情况。如果无法驱动，可以从官网下载驱动程序。

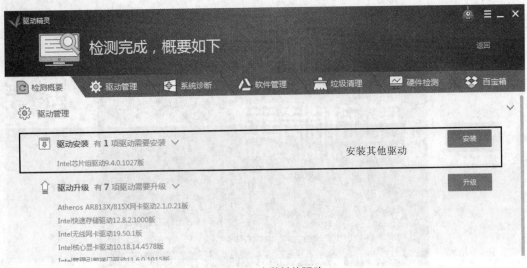

图 4-52　安装其他驱动

本章总结

通过本章的学习，我们掌握了 BIOS 的基本操作，知道如何通过 BIOS 设置开机密码，知道如何通过 U 盘启动盘给计算机安装系统、激活系统并且安装驱动程序。

练习与实践

【单选题】

1. UEFI 运行流程不包括下列哪一项？（　　　）
   A. UEFI 初始化　　　B. 引导系统　　　　　C. 进入系统　　　　　D. BIOS 自检

2. 下列按键中，哪个一般不会用来进入 BIOS 设置？（　　　）
   A. F1　　　　　　　B. F2　　　　　　　　C. F10　　　　　　　D. Shift

【多选题】

1. 下列哪些属于常用的 BIOS 类型？（　　　）
   A. AMI　　　　　　B. ANI　　　　　　　C. AWARD　　　　　D. Insyde H20

2. 下列哪些单词可以用来指引我们设置计算机的启动顺序？（　　　）
   A. boot　　　　　　B. net　　　　　　　C. startup　　　　　D. IDE

【判断题】

1. BIOS 与 UEFI 没有差别。（　　　）
   A. 对　　　　　　　B. 错

2. 有分区的硬盘也要先分区才能安装系统。（　　　）
   A. 对　　　　　　　B. 错

3. 已激活的系统和未激活的系统没有差别。（　　　）
   A. 对　　　　　　　B. 错

【**实训任务一**】

BIOS 设置	
项目背景介绍	设置了系统密码的计算机也不安全，给计算机加上 BIOS 开机密码吧
设计任务概述	1. 设置系统密码 2. 设置主板密码 3. 设置 U 盘启动
实训记录	
教师考评	评语： 辅导教师签字：＿＿＿＿＿＿

【**实训任务二**】

安装系统	
项目背景介绍	给计算机安装系统。只有动手操作过，才可以熟练地给计算机安装系统
设计任务概述	1. 注意：计算机有重要文件要先备份好 2. 安装 Windows 7 或 Windows 10 3. 激活系统 4. 安装驱动
实训记录	
教师考评	评语： 辅导教师签字：＿＿＿＿＿＿

第5章

虚拟机的使用

本章导读

■ 虚拟机指通过软件模拟的具有完整硬件系统功能的、运行在一个完全隔离环境中的完整计算机系统。所有操作都可以在虚拟系统里面进行，不会对真正的系统产生任何影响。本章主要讲述VMware（下文统称 VM）软件的安装和使用，通过本章的学习可以让读者掌握 VM 软件，从而能够更好地完成各种学习实验。

■ 本章的最后安排了实训——在 VM 中安装系统、克隆虚拟机，通过实训使读者进一步掌握 VM 的使用方法。

学习目标

■ 掌握VM的安装

■ 掌握在VM中安装系统

■ 掌握VM虚拟机的克隆

技能要点

■ 在VM中安装系统

■ 开启64位系统支持

■ VM工具的使用

■ 在VM中进行虚拟机的克隆

■ 使用VM快照功能

实训任务

■ 使用VM安装系统

■ 使用VM克隆系统

■ 使用VM快照功能

效果欣赏

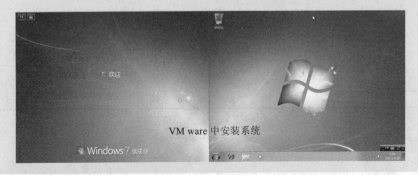

VM ware 中安装系统

5.1 获取虚拟机软件

本节将介绍如何从网上下载 VM 软件。

虚拟机软件有很多,相对来说 VMware 功能较强大,而且操作方便。本书以 VMware 软件为例进行学习。软件安装包来源于互联网,读者可以直接百度搜索,如图 5-1 所示。

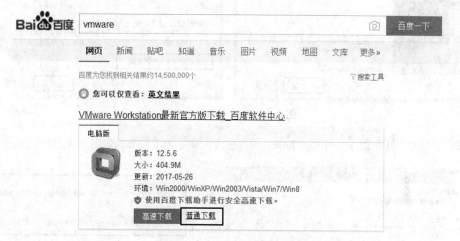

图 5-1 下载 VMware 软件

5.2 安装虚拟机软件

VMware 软件下载好了,下面把它安装到计算机系统中。

找到下载的 VMware 12 Pro 安装程序,双击运行,软件安装界面如图 5-2 所示。

双击安装包安装

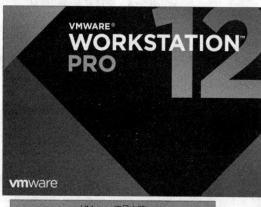

扫码看视频教程

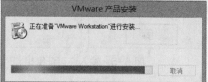

图 5-2 VMware 软件安装界面

单击【下一步（N）】勾选【我接受许可协议中的条款】并单击【下一步（N）】，如图 5-3 所示。

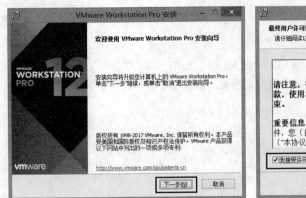
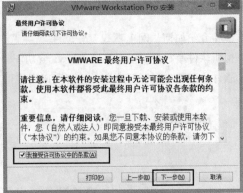

图 5-3　安装 VMware 软件

在安装位置单击【更改】选择要安装的目录，按个人实际需求勾选，如图 5-4 所示。

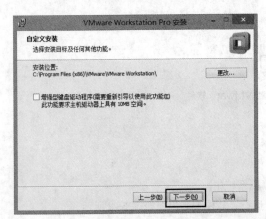
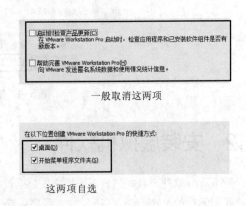

一般取消这两项

这两项自选

图 5-4　选择要安装的目录

输入许可证密钥，如图 5-5 所示。

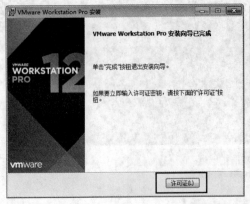
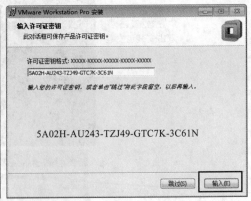

图 5-5　输入许可证密钥

最后单击【完成】即可。

5.3 创建虚拟机

VMware 软件安装完毕后，下一步则是在 VMware 里面创建新的虚拟机。

打开 VMware 12 软件，新建虚拟机，选择【自定义（高级）】，单击【下一步】，选择【自定义（高级）】可以更好地配置虚拟机的各项参数，如图 5-6 所示。

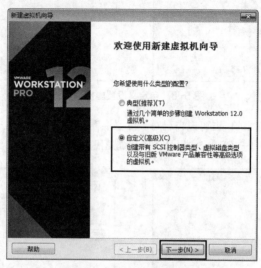

图 5-6　自定义设置虚拟机 1

虚拟机硬件兼容性，选择默认即可。安装来源选择【稍后安装操作系统】，如果这个时候选择了镜像，VMware 将会简易安装，为了设置更详细配置，这里选择【稍后安装操作系统】，如图 5-7 所示。

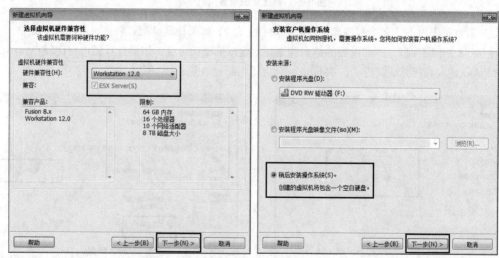

图 5-7　自定义设置虚拟机 2

选择客户机操作系统，根据实际需要选择对应的操作系统，如图 5-8 所示。

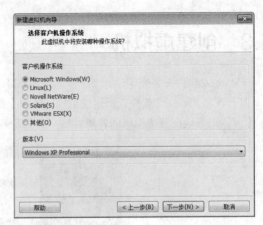

图 5-8　自定义设置虚拟机 3

【虚拟机名称】一般用默认的，也可以自己写。位置推荐存储在非系统盘，因为虚拟机需要占用大量的空间。【固件类型】则选择【BIOS】，如果是 XP 系统则没有这一步，如图 5-9 所示。

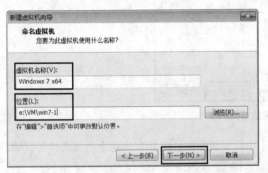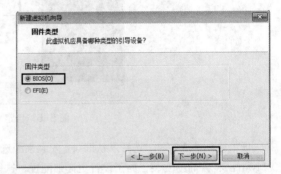

图 5-9　自定义设置虚拟机 4

【处理器数量】为 1，【每个处理器的核心数量调】为 2，如果计算机配置较高，可以适当增加，当然实际的性能取决于物理机，并非设置的越多就越好。虚拟机很耗内存，如果计算机内存比较小，那么不要分配太大，建议直接默认就行了，VMware 会自动判断，如图 5-10 所示。

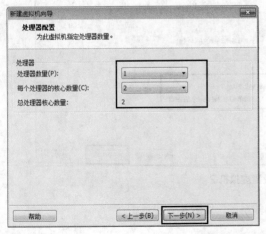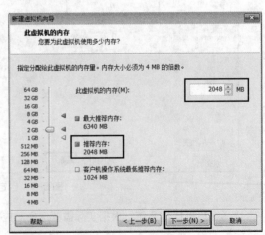

图 5-10　自定义设置虚拟机 5

　　网络连接选择【使用网络地址转换（NAT）】，这个是最常见的模式，可以让虚拟机通过物理机连接互联网。I/O 控制器类型一般选默认推荐，如图 5-11 所示。

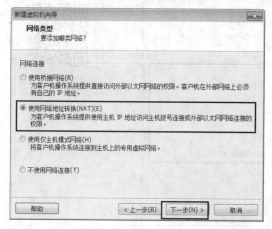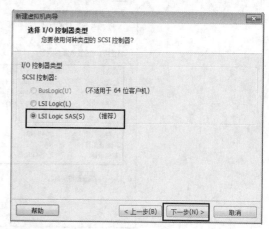

图 5-11　自定义设置虚拟机 6

　　虚拟磁盘类型一般选默认推荐，磁盘选【创建新虚拟磁盘】，如图 5-12 所示。

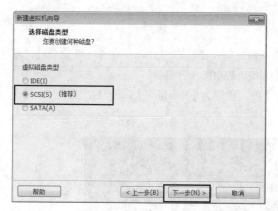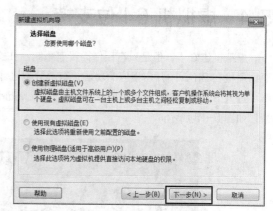

图 5-12　自定义设置虚拟机 7

　　磁盘大小选择默认即可，为了更好地设置性能，选择【将虚拟磁盘存储为单个文件】，如图 5-13 所示。

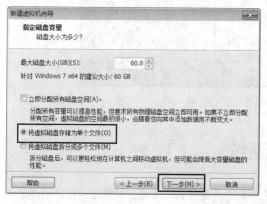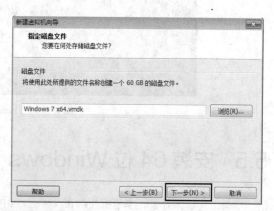

图 5-13　自定义设置虚拟机 8

磁盘文件默认，然后单击【完成】虚拟机就创建完成了，如图 5-14 所示。

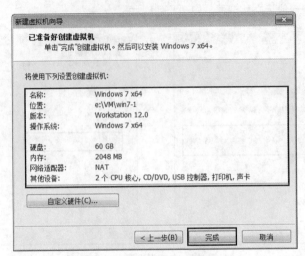

扫码看视频教程

图 5-14　自定义设置虚拟机 9

5.4　虚拟机 64 位支持

虚拟机建好了，但是只有硬件而没有系统。在安装系统之前，要注意 VMware 安装 64 位系统，需要物理机在 BIOS 中开启相应的功能，有部分型号计算机默认是功能未开启。

进入 BIOS 设置，找到【Intel Virtual Technology】项，设定为【Enabled】，即开启虚拟机 64 位支持，如图 5-15 所示。

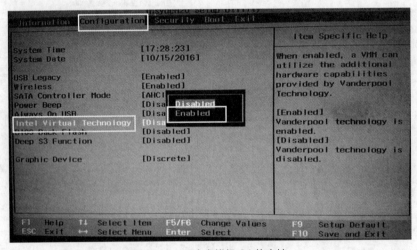

图 5-15　开启虚拟机 64 位支持

5.5　安装 64 位 Windows 7 系统

准备工作都做好了，本节将介绍在 VMware 中安装系统。为避免知识重复，本节采用传统的类似于光盘装系统的方式来安装系统。

单击【编辑虚拟机设置】，单击【CD/DVD（SATA）】，单击【使用 ISO 映像文件】后面的【浏览】打开 64 位 Windows 7 的原版格式 ISO 镜像，如图 5-16 所示。

图 5-16　打开系统安装映像

单击【虚拟机】下的【电源】中的【开机】，出现安装界面。单击【下一步】按钮，选择【现在安装】，如图 5-17 所示。

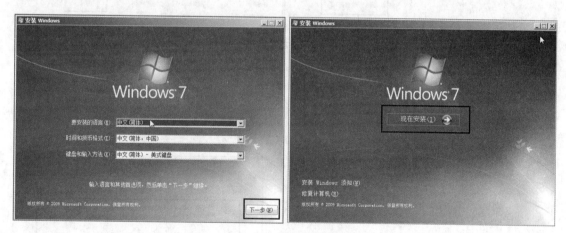

图 5-17　安装系统过程 1

勾选【我接受许可条款】，再选择【自定义（高级）】，如图 5-18 所示。后面的过程如图 5-19 ~ 图 5-26 所示。

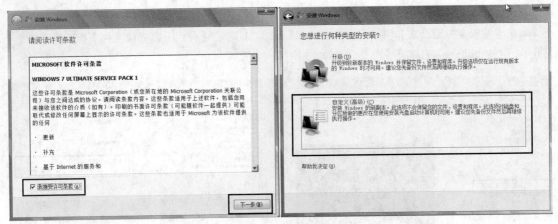

图 5-18　安装系统过程 2

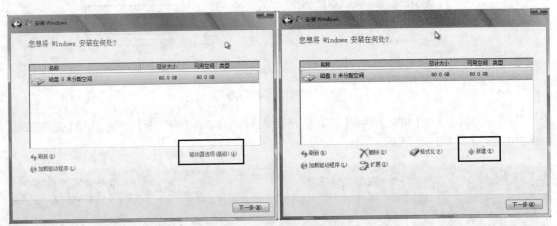

图 5-19　安装系统过程 3

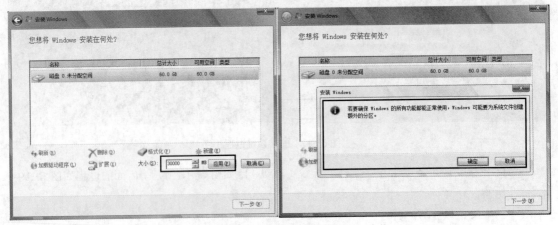

图 5-20　安装系统过程 4

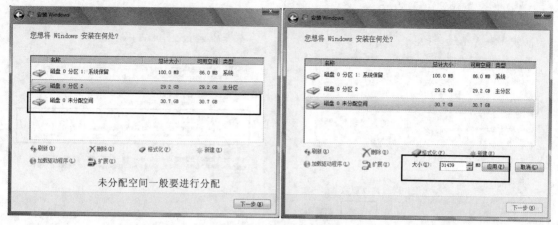

图 5-21　安装系统过程 5

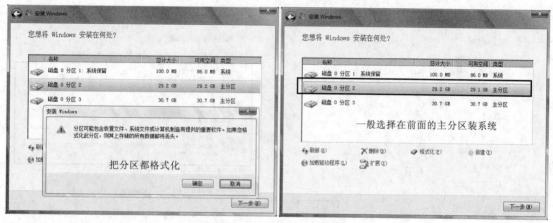

图 5-22　安装系统过程 6

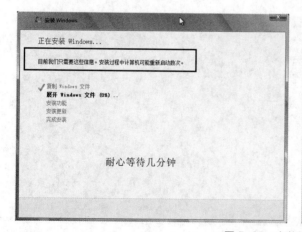

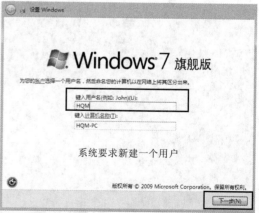

图 5-23　安装系统过程 7

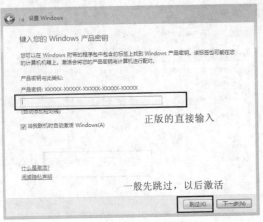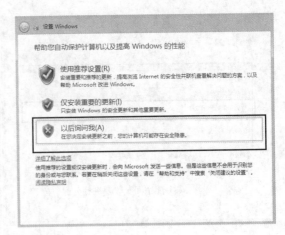

图 5-24　安装系统过程 8

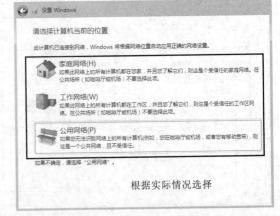

图 5-25　安装系统过程 9

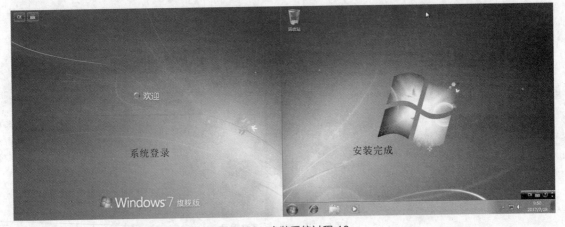

图 5-26　安装系统过程 10

5.6　安装其他系统

Windows XP 系统的安装相对 Windows 7 来说，更加简单快捷。

5.6.1　安装 XP

前面的准备工作和 Windows 7 几乎一模一样，不同在于安装时选择 XP 系统。在图5-16所示的步骤中，浏览打开的是 Windows XP 原版格式 ISO 镜像，启动后按提示操作就可以，分区时如图 5-27 所示。

后面的步骤，基本上就是按提示单击下一步，直到安装完成即可。

5.6.2　安装 Windows 10

和安装 Windows 7 几乎是一模一样的，会安装 Windows 7 也就会安装 Windows 10 了，安装时选择不同的系统文件即可。

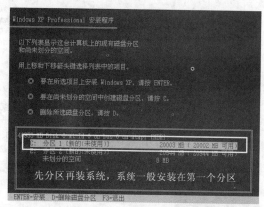

图 5-27　安装 XP 时分区

5.7　实现虚拟机文件共享

有时候需要把物理机的文件放入虚拟机，本节将学习如何实现虚拟机文件共享功能。

5.7.1　安装 VMware Tools

VMware 本身提供了一个工具，虚拟机只能装好系统后，再安装对应版本的工具就可以实现文件共享了，并且安装 VMware Tools 还可以提升虚拟机的整体性能。

单击【虚拟机】菜单中的【安装 VMware Tools】，弹出自动播放功能，运行安装文件，有些系统关闭了自动播放功能，那么单击光驱运行安装文件，如图 5-28 所示。

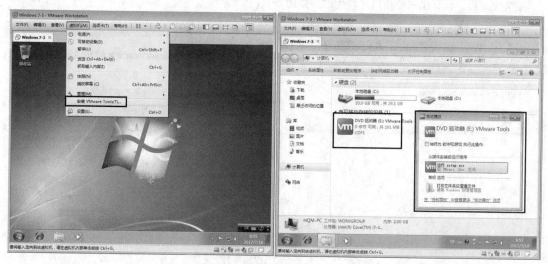

图 5-28　安装 VMware Tools 1

选择【是】就启动了安装软件，如图 5-29 所示。

图 5-29　安装 VMware Tools 2

选择【典型安装】，安装最常用的功能，如图 5-30 所示。

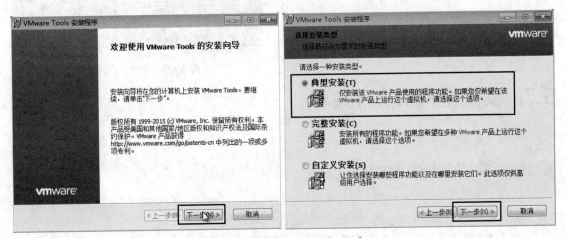

图 5-30　安装 VMware Tools 3

安装完成后，计算机需要重启才能生效，如图 5-31 所示。

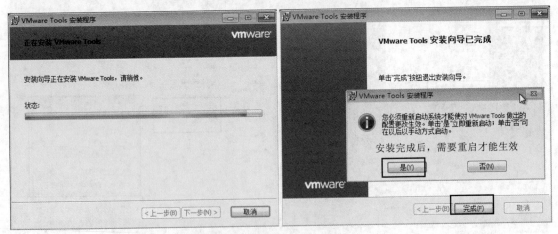

图 5-31　安装 VMware Tools 4

重启系统后，任务显示有了 VM 图标，则表明 VMware Tools 生效了，如图 5-32 所示。

图 5-32　VMware Tools 生效

5.7.2　复制文件到虚拟机

在物理机复制文件，在虚拟机中粘贴文件，文件就被复制到虚拟机了，如图 5-33 所示。

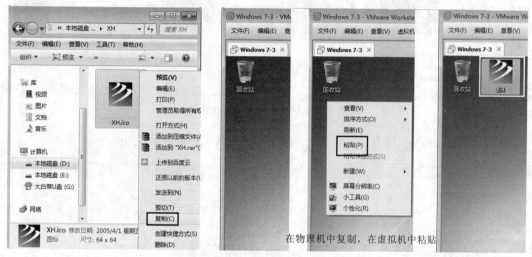

图 5-33　复制文件到虚拟机

5.8　克隆虚拟机

在虚拟机重复安装相同的系统是浪费时间的，本节将学习如何把一个装好系统的虚拟机进行克隆，几分钟就可以复制好一个。

在开机的状态下无法克隆虚拟机，如图 5-34 所示。

图 5-34　克隆虚拟机失败

关机，再克隆虚拟机，操作被许可，如图5-35所示。

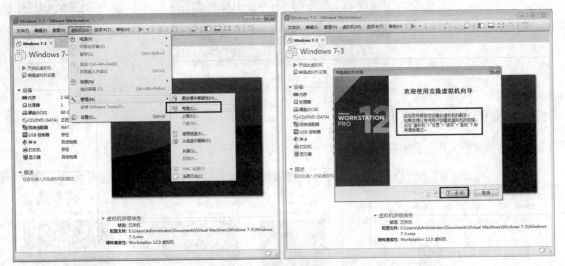

图 5-35 关机状态下克隆被许可

选择【虚拟机中的当前状态】，选择【下一步】，再选【创建完整克隆】，如图5-36所示。

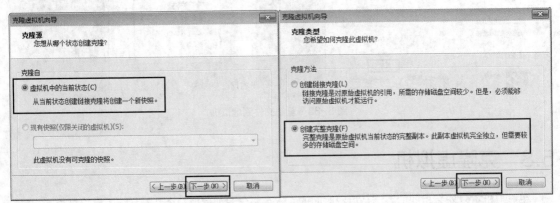

图 5-36 克隆设置

虚拟机名称要方便辨识，要放在有足够空间的磁盘上，单击【完成】后等待出现图5-37所示的画面。

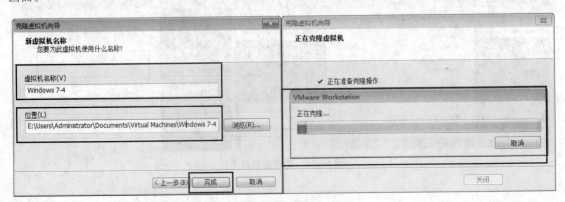

图 5-37 克隆中

单击【关闭】，VMware 中多了一台虚拟机，则克隆完成，如图 5-38 所示。

扫码看视频教程

图 5-38　克隆完成

5.9　虚拟机快照

克隆可以节约安装系统的时间，但有时候操作者需要返回几步操作，而且有些操作是不可逆的。这种情况，可以利用快照功能。快照可以看作是还原点，或理解为备份。

5.9.1　拍摄快照

在 VMware 中对虚拟机操作时，可以对虚拟机设置还原点，如图 5-39 所示。选择【拍摄快照】后，VMware 左下角出现"正在保存状态…"，如图 5-40 所示。

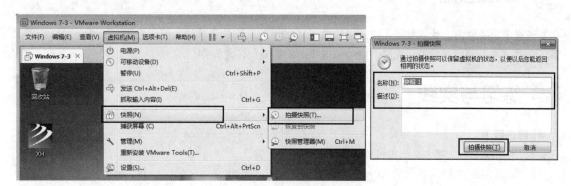

图 5-39　拍摄快照

图 5-40　保存快照

5.9.2　恢复快照

恢复快照能让虚拟机回到拍摄快照时候的状态，先把图 5-39 所示的桌面的内容都清空，再进行恢复快照，操作如图 5-41 所示，恢复后效果如图 5-42 所示。

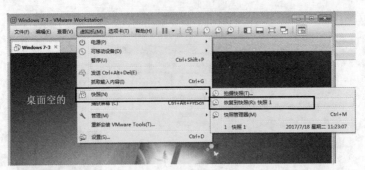

图 5-41 恢复快照

扫码看视频教程

图 5-42 恢复快照结果

本章总结

通过本章的学习，读者掌握了虚拟机软件 VM 的下载、安装和软件的使用方法，能够在 VM 中安装系统，并将安装好的系统进行克隆，能够完成快照的拍摄与恢复操作。

练习与实践

【单选题】

1. 下列软件中，哪个是虚拟机软件？（　　　）

A. GHOST　　　　　B. VMware　　　　　C. FDIDK　　　　　D. PM

2. 安装好一个虚拟机，可以把它复制成多个，用什么功能实现的？（　　　）

A. 复制　　　　　B. 克隆　　　　　C. 快照　　　　　D. 拍照

【多选题】

1. 下列哪些操作系统可以安装到虚拟机里面？（　　　）

A. Windows XP　　　B. Windows 7　　　C. Windows 10　　　D. LINUX

2. 下面哪些硬件是虚拟机可以配置的？（　　　）。

A. 处理器　　　　　B. 内存　　　　　C. 硬盘　　　　　D. 网卡

【判断题】

1. 虚拟机中系统不能上网。（　　　）

A. 对　　　　　　　B. 错

2. 文件是可以从物理机复制到虚拟机中的。(　　　)

    A. 对　　　　　　　　B. 错

3. 虚拟机的内存也是虚拟的，不会对物理机有影响。(　　　)

    A. 对　　　　　　　　B. 错

【实训任务一】

通过 VM 安装系统	
项目背景介绍	很多实验不方便在物理机中进行，如病毒操作等，将这些操作放在虚拟机里面完成就没有问题了
设计任务概述	1. 下载安装 VM 软件 2. 创建虚拟机，安装 Windows XP，并实现文件共享 3. 再创建一台虚拟机，安装 Windows 7，并实现文件共享 4. 再创建一台虚拟机，安装 Windows 10，并实现文件共享
实训记录	
教师考评	评语： 辅导教师签字：＿＿＿＿＿＿

【实训任务二】

通过 VM 克隆虚拟机	
项目背景介绍	在虚拟机做实验，出现问题需要重装系统，这很浪费时间。把装好的虚拟机系统都克隆一份。以后有需要就克隆，免除重复安装系统的不便
设计任务概述	1. 克隆 XP 2. 克隆 Windows 7 3. 克隆 Windows 10
实训记录	
教师考评	评语： 辅导教师签字：＿＿＿＿＿＿

【实训任务三】

使用 VM 快照	
项目背景介绍	做实验的时候，有时候会后悔，把快照当后悔药吧
设计任务概述	1. 创建快照 2. 清空桌面图标 3. 利用快照对图标进行恢复
实训记录	
教师考评	评语： 辅导教师签字：＿＿＿＿＿＿

第6章

个性化系统

本章导读

■ 注册表是 Windows 的一个重要组成部分，它存放了 Windows 中的各种配置参数。注册表是 Windows 的各个功能模块及各种安装的应用程序。组策略也是 Windows 的重要功能，相对注册表来说更加容易上手。本章主要讲述了注册表和组策略的应用，通过本章的学习让读者能够轻松维护和定制 Windows 系统。

■ 本章的最后安排了实训任务——通过注册表和组策略定制自己的 Windows 系统，通过实训使读者进一步掌握注册表和组策略的应用。

学习目标

■ 熟悉注册表的结构

■ 掌握注册表的基本操作

■ 掌握组策略的基本操作

■ 熟悉组策略的主要项目

技能要点

■ 注册表的应用

■ 组策略的应用

实训任务

■ 通过注册表定制Windows

■ 通过组策略定制Windows

效果欣赏

系统登录消息效果

6.1　启动注册表编辑器

扫码看视频教程

使用注册表，首先需要打开它。本节将介绍启动注册表编辑器的方法。

6.1.1　启动注册表编辑器

启动注册表编辑器的方式有好几种，关键是要记住命令"regedit"。运行 regedit 或是在 C 盘 Windows 目录中双击，如图 6-1 所示。

在 C 盘 Windows 目录下找到命令程序

图 6-1　启动注册表编辑器

6.1.2　Regedit 与 Regedt32

在 Windows XP 及以后的操作系统中，regedt32.exe 只是一个用来运行 regedit.exe 的小程序。也就是说现在用这两个命令都可以启动注册表编辑器。

 Regedt32 存放的位置与 Regedit 有点差别，它存放在 C:\Windows 目录下的 System32 目录（32 位系统）和 SysWOW64（64 位系统）目录下。

6.2　认识注册表

本节主要学习注册表的结构，从而让读者认识注册表。

6.2.1　注册表的结构

注册表的结构如图 6-2 所示。

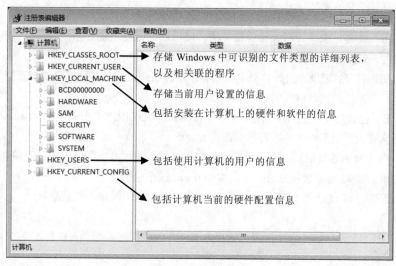

图 6-2　注册表结构

注册表整体上可以看成是树状结构。它主要由"键"和"键值"构成，称 HKEY 为根键（RootKey），SubKey 为子键。

键（Key）：在左侧窗格和文件夹图标一样的就是键，类似于我的计算机中的文件夹。

键值（Value）：在右侧窗格中一行行的选项，就是键值，每个键值都有名称、类型、数据 3 项信息，名称的大小写均可。

在左侧窗格中选中键，右则窗格中就出现对应这个键的键值。

键值的类型主要有：REG_SZ（字符串值）、REG_BINARY（二进制值）、DWORD（32 位）值、QWORD（64 位）值、REG_MULTI_SZ（多字符串值），REG_EXPAND_SZ（可扩充字符串值）。

REG_SZ（字符串值）一般用来作为文件描述和硬件标志，可以是字母、数字，也可以是汉字，但它是长度固定的文本字符串，最大长度不能超过 255 个字符。REG 文件中一般表现为"a" = "****"。

DWORD 值是（REG_DWORD）由 4 字节长（32 位整数）的数字表示的数据。设备驱动程序和服务的许多参数都是此类型，以二进制、十进制或十六进制格式显示在注册表编辑器中。REG 文件中一般表现为"a" = "dword:00000001"。

二进制值（REG_BINARY）在一般情况下，大多数硬件组件信息以二进制数据存储，然后通过十六进制的格式显示在注册表编辑器中。该类型值没有长度限制，可以是任意字节长，REG 文件中一般表现为"a" = "hex:01,00,00,00"。

除了上述 3 种键值类型，其他类型很少使用。

HKEY_CLASSES_ROOT：此根键可缩写为 HKCR，其内容包含了所有的文件类型、文件关联、图标以及扩展名等信息，甚至每种文件类型以哪个软件打开，也都在此处设置。

HKEY_CURRENT_USER：此根键可缩写为 HKCU，主要保存了当前登录 Windows 的用户数据，以及个性化的设置，如桌面外观、软件设置、开始菜单等内容，而键的内容也会随着登录的用户不同有所改变。而在此根键下，ControlPanel 与 Software 两个子键最为重要。ControlPanel 记录了用户的操作设置，如桌面背景、窗口外观等，几乎所有的控制面板中的设置都保存在此；Software 记录了用户当前环境中安装的软件设置，甚至连 Windows 本身内置的功能，也都在此处进行调校。

HKEY_LOCAL_MACHINE：此根键可缩写为 HKLM，保存了绝大部分的系统信息，它包括硬件配置、外围设备、网络设置以及所安装的软件等，是注册表数据库中最重要、最庞大的根键。它包含的以下几个子键十分重要。

HARDWARE：此键记录了计算机硬件相关的各项信息，以及驱动程序的设置等；当使用设备管理器更改硬件设置时，这个键中的数据也会跟着变化。

SAM 和 SECURITY：记录本台计算机上有哪些用户和组账户，相关的系统安全设置、权限分配等。在一般情况下，用户无法访问此键的内容。

SOFTWARE：包含已安装的各项软件信息，与 HKEY_CURRENT_USER\Software 键不同的是，此键的影响范围比较大，对系统下的所有用户都有效。

SYSTEM：包含有关系统启动、驱动程序加载等与操作系统本身相关的各项设置信息。

HKEY_USERS：此根键可缩写为 HKU，其中 Default 这个子键记录了 Windows 用户默认的个人设置，与 HKEY_CURRENT_USER 是相同内容，例如，桌面配置、开始菜单的设置等。

扫码看视频教程

HKEY_CURRENT_CONFIG：此根键可缩写为 HKCC，主要记录当前硬件的配置值。

6.2.2 注册表基本操作

注册表基本操作主要有新建、删除、修改、重命名等，这些都可以通过右键菜单完成，如图 6-3 所示。需要注意的是，对于值来说，修改是改数据，重命名是改名称。

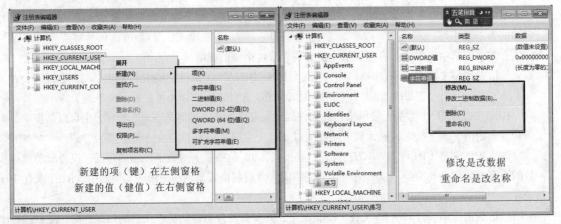

图 6-3 注册表基本操作

6.3 导出和导入注册表

注册表没有备份和恢复这样的说法，只有导出和导入操作。导出和导入实际上有类似于备份和恢复的效果。

6.3.1 导出注册表

导出注册表是指把注册表的某个键（可以是整个注册表）及相关键值等内容保存为文件。其用处就是在有需要的时候可以把导出的内容恢复到注册表。导出操作是在要导出的键上右键单击选择【导出】，然后选位置存储生成文件，具体操作如图 6-4 所示。

导出的键

保存生成文件

图 6-4　导出注册表

6.3.2　导入注册表

导入注册表的数据并不一定是导出的数据。例如，一些系统设定、软件设定等数据，只要格式正确都可以导入系统。

导入注册表主要有两个方式，一个是用菜单功能导入，如图 6-5 所示。另一个是直接双击要导入的文件，在弹出的提示中选择【是】，如图 6-6 所示。

扫码看视频教程

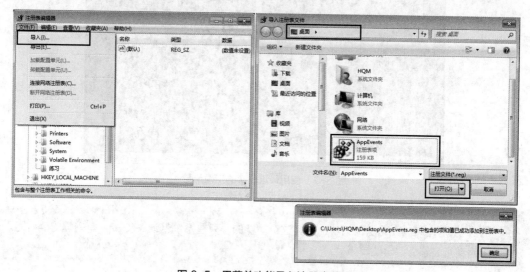

图 6-5　用菜单功能导入注册表数据

图 6-6　双击文件导入注册表数据

6.4 最近一次的正确配置

对于 Windows 7 和 Windows XP 来说，系统本身提供一个很有用的功能，即最近一次的正确配置。

一般情况下，蓝屏都出现于更新了硬件驱动或新加硬件并安装其驱动后，这时 Windows 7 和 Windows XP 提供的"最近一次的正确配置"就是解决蓝屏的快捷方式，一般情况下能够解决计算机的普通异常现象，计算机开机进不了系统的可以试下这个功能，修复率还是很高的。

"最近一次的正确配置"不能解决由于驱动程序或文件被损坏或丢失、注册表文件损坏或注册表内容错误而导致的问题。

选择"最近一次的正确配置"启动计算机时，系统只还原注册表项 HKEY_LOCAL_MACHINE/SYSTEM/CurrentControlSet 中的信息。其他任何在注册表项中所做的更改均保持不变。

操作步骤是：开机后按 F8 键（系统启动前），出现 Windows【高级启动选项】后，选择【最近一次的正确配置（高级）】，按 Enter 键，如图 6-7 所示。

扫码看视频教程

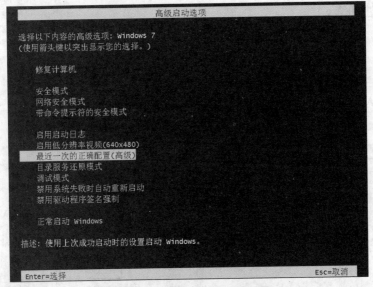

图 6-7 使用最近一次的正确配置

Windows 8 和 Windows 10 也是有这个功能的，只是系统默认关掉了，有兴趣的读者可以上网查查看怎么调出菜单来。

6.5 注册表的应用

掌握了注册表的基本操作，本节将继续学习如何通过修改注册表实现各种功能。学习的关键是掌握修改注册表的技巧，不要死记，具体的键和键值是随时可以通过互联网获取的。要多练习，操作多了自然就记住了。本节以 Windows 7 系统为例，不同版本的系统设置基本一样。

6.5.1　通过注册表实现开机时显示登录消息

先看效果，不同的操作系统有一些差别，如图 6-8 所示。

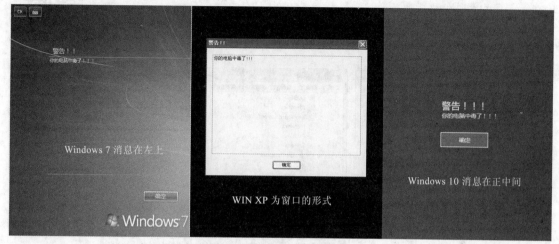

图 6-8　开机时显示登录消息

几个系统的实现方法都是一样的，先找到对应的键，"\"为分隔符号，一层一层地找。再找到对应的值，没有就新建，名称照抄，键和值如下。

HKEY_LOCAL_MACHINE\SOFTWARE\Microsoft\windows NT\Current Version\Winlogon

LegalNoticeCaption ：字符串型，数据为登录消息的标题。

LegalNoticeText ：字符串型，数据为登录消息的内容。

具体操作如图 6-9 所示。

扫码看视频教程

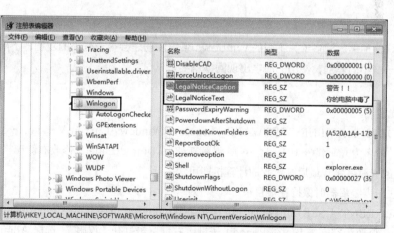

图 6-9　通过注册表实现开机时显示登录消息

6.5.2 通过注册表锁定 IE 主页

扫码看视频教程

HKEY_CURRENT_USER\Software\Policies\Microsoft\Internet
Explorer\Control Panel

HomePage：DWORD 类型，数值为 1 锁定。

修改效果如图 6-10 所示。

图 6-10　通过注册表锁定 IE 主页

6.5.3 注册表修改案例集

想用好注册表就要多练，不同的 Windows 系统注册表会有一些小的差别，不同版本的 IE 也会有一些小的差别，使用的时候出现问题就要多试试。

1. 修改光驱名

HKEY_LOCAL_MACHINE\SOFTWARE\Microsoft\Windows\CurrentVersion\Explorer\DriveIc-ons，新建项，命名为光驱代号（H、I、…），继续新建项 DefaultLabel，修改右侧窗格中默认的键值中的数据为要改的光驱名字，最后刷新我的计算机即可。

2. 打开注册表编辑器时保持在根目录

HKEY_CURRENT_USER\Software\Microsoft\Windows\CurrentVersion\Applets\Regedit，双击打开 LastKey，修改为空字符串，在 Regedit 子键上右键单击打开"权限"，选择 Administrator，并勾选"完全控制"和"读取"的拒绝复选框即可。

3. 创建快捷方式时不显示"- 快捷方式"文字

HKEY_CURRENT_USER\Software\Microsoft\Windows\CurrentVersion\Explorer，右键单击新建二进制值 REG_BINARY，命名为 link（存在则不用新建），数值为 00 00 00 00。

4. 在桌面右下角显示 Windows 版本

HKEY_CURRENT_USER\Control Panel\Desktop, 双击右侧窗格的 PaintDesktopVersion, 数值修改为 1 即可。

5. 开机时显示登录信息

HKEY_LOCAL_MACHINE\SOFTWARE\Microsoft\Windows NT\CurrentVersion\Winlogon, 展开 Winlogon, LegalNoticeCaption 写标题, LegalNoticeText 写内容。

6. 让系统时钟显示问候语

HKEY_CURRENT_USER\Control Panel\International, 展开 International, 双击右侧窗格中的 sLongDate, 在日期格式前写问候语即可。

7. 隐藏回收站图标

HKEY_CURRENT_USER\Software\Microsoft\Windows\CurrentVersion\Explorer\HideDesktopIcons\NewStartPanel (若没有 HideDesktopIcons\NewStartPanel 两个键则新建), 新建 DWORD 类型的键值, 命名为{{645FF040-5081-101B-9F08-00AA002F954E}}, 更改数值为 1, 刷新桌面即隐藏了回收站。

8. 自定义 Windows 登录窗口的背景画面

首先要注意, 图片必须为 jpg 格式; 图片文件尺寸的比例必须和屏幕分辨率相同; 图片大小不可超过 256KB。

HKEY_LOCAL_MACHINE\SOFTWARE\Microsoft\Windows\CurrentVersion\Authentication\ LogonUI\Background, 将 OEMBackground 键值数值改为 1。然后打开文件夹 C:\Windows\System32\oobe\info, 新建 backgrounds 文件夹, 将图片命名为 BackgroundDefault.jpg, 放入图片即可。

9. 打开或关闭 Window 的自动播放功能

HKEY_LOCAL_MACHINE\SOFTWARE\Microsoft\Windows\CurrentVersion\Policies\Explorer, 在右侧窗格中新建 DWORD 类型键值, 命名为 NoDriveTypeAutoRun, 默认值是 0, 即打开功能。关闭功能对应十进制数: 软盘 4, 硬盘和移动硬盘 8, 网络存储设备 16, 光驱 32, U 盘内存 64, 其他外设 128, 全部 255。删除此键值可打开功能。

10. 让 Windows 自动登录用户账户

HKEY_LOCAL_MACHINE\SOFTWARE\Microsoft\WindowsNT\CurrentVersion\Winlogon, 在右侧窗格中新建字符串类型的键值, 命名为 AutoAdminLogon, 数值设置为 1。然后再新建字符串类型的键值, 命名为 DefaultUserName, 数值设置为用户名。同理, 命名为 DefaultPassword, 输入用户账户的密码即可。不过这样有泄密风险。

更保险的办法: 按 Win+R 键打开 "运行", 输入 rundll32 netplwiz.dll UsersRunDll, 将 "要使用本机, 用户必须输入用户名和密码" 前的复选框去掉, 单击 "应用" 后输入两次密码即可。在注册表下不会生成 REG_SZ 类型的 DefaultPassword 键值。

11. 修改系统的用户和公司名

HKEY_LOCAL_MACHINE\SOFTWARE\Microsoft\Windows NT\CurrentVersion, 双击右侧窗格中的 RegisteredOwner 和 RegisteredOrganization, 即可更改。

12. 登录 Windows 时固定启用数字键

HKEY_CURRENT_USER\Control Panel\Keyboard, 双击右侧窗格中的 InitialKeyboardIndicators 键值, 默认为 0, 即登录后不打开数字键。输入 2, 然后右键单击该键值打开 "权限", 勾选 Administrator 的完全控制复选框即可。

13. 改变系统时钟在托盘区的显示格式

HKEY_CURRENT_USER\Control Panel\International，在右侧窗格中更改 s1159 和 s2359 即可。更改 sTimeFormat 为 tt hh 点 mm 分。tt 表示上午/下午时间，若还要显示秒数，则增加 ss。

14. 删除控制面板卸载中无效的记录

HKEY_LOCAL_MACHINE\SOFTWARE\Microsoft\Windows\CurrentVersion\Uninstal

HKEY_CLASSES_ROOT\Installer\Products

HKEY_CURRENT_USER\Software\Microsoft\Installer\Products

后面两个主要保存基于 Windows 安装的应用程序。

15. 直接按鼠标右键启动"窗口转换程序"

HKEY_CLASSES_ROOT\Directory\Background\shellex\ContextMenuHandlers，新建项 Windows Switcher，打开默认 REG_SZ，输入{3080F90E-D7AD-11D9-BD98-0000947B0257}。

16. 为应用程序设置启动昵称

例如，在"开始菜单"中的"搜索程序和文件"中输入 cs，快速打开游戏。

HKEY_LOCAL_MACHINE\SOFTWARE\Microsoft\Windows\CurrentVersion\App Paths，新建项，命名为 cs.exe，打开默认 REG_SZ，输入应用程序路径即可。

17. 从快捷菜单打开常用的应用程序

HKEY_CLASSES_ROOT*\shell，新建项，随意命名，将默认 REG_SZ 的数值更改为显示的内容。在此子键的基础上，新建项，命名为 command，内容为应用程序的路径。

18. 编辑"新建"菜单中的文件类型

例如，删除"新建"中的"新建 BMP"。

方法：展开 HKEY_CLASSES_ROOT\.bmp，删除 ShellNew 即可。

19. 强制启用 ReadyBoost 加速功能

为了提升系统访问效率，多半建议加装内存来解决。Windows 7 下有更方便的选择，只要插上 U 盘就可以通过 ReadyBoost 技术使性能加速。右键单击该 U 盘的"属性"，选择"ReadyBoost"标签页，可以进行设置。部分设备不能使用，即不符合"Premium 等级标准：随机读取 4KB 数据的速度至少要在 5MB/Sec 以上，随机存储 512KB 数据的速度必须在 3MB/Sec 以上"。

先右键单击"可移动磁盘(X)"，打开"属性"，切换到"硬件"标签页，查看 U 盘型号。然后展开注册表键 HKEY_LOCAL_MACHINE/SOFTWARE/Microsoft/Windows NT/CurrentVersion/EMDgmt，在该键下选择要启用 ReadyBoost 的设备，修改 DeviceStatus 数值为 2（十六进制）。在相同键下，分别新建 ReadSpeedKBs 与 WriteSpeedKBs，DWORD 类型键值，数值都改为 1000（十六进制）。重启 U 盘，或单击"ReadyBoost"标签页内的"重新测试"即可。

20. 提升 NTFS 文件系统的运行效率

（1）取消快捷方式的跟踪功能

HKEY_CURRENT_USER\Software\Microsoft\Windows\CurrentVersion\Policies\Explorer，新建 DWORD 类型的键值，命名为 NoResolveTrack，数值为 1。

（2）加大 MFT 主文件表存储空间

MFT 即 Main File Table，存放着所有文件的索引信息，每个磁盘都会保留一部分容量来存放 MFT 信息，由于这个区域访问频繁，因此很容易产生文件碎片（Fragment），影响访问效率，建议可以加大 MFT 的容量，减少文件碎片。

HKEY_LOCAL_MACHINE\SYSTEM\CurrentControlSet\Control\FileSystem，找到 NtfsMftZone Reservation 键值，更改为 3 或 4（1 小的 MFT 保留空间，2 中型 MFT 保留空间，3 较大的 4 最大的）。

（3）取消最后访问记录

HKEY_LOCAL_MACHINE\SYSTEM\CurrentControlSet\Control\FileSystem，接着打开 NtfsDisable LastAccessUpdate，更改数值为 1。

（4）取消预先建立 8.3 短文件名

以往 Windows 为了与旧系统兼容，当用户创建文件时，除了自行制定的名称之外，也会额外产生 8.3 短文件名，当遇到无法显示长文件名的旧程序，会改为 8.3 文件名显示。

HKEY_LOCAL_MACHINE\SYSTEM\CurrentControlSet\Control\FileSystem，接着打开 NtfsDisable 8dot3NameCreation，更改数值为 1，还原更改数值为 0 或 2。

21. 加大系统 L2 Cache

利用 CPU-z、WCPUID 检测二级缓存的大小，如 256KB。

展开 HKEY_LOCAL_MACHINE\SYSTEM\CurrentControlSet\Control\Session Manager\Memory Management，打开 SecondLevelDataCache，输入 256（KB，十进制），保存即可。

22. 加快"开始"菜单的打开速度

HKEY_CURRENT_USER\Control Panel\Desktop，打开右侧窗格中的 MenuShowDelay，把默认的 400（单位 ms）修改为 100 或 0，保存即可。

Windows 的动画效果使得运行"开始"菜单变慢，修改此可关闭效果。

23. 应用程序关闭后完整释放资源

HKEY_LOCAL_MACHINE\SOFTWARE\Microsoft\Windows\CurrentVersion\Explorer，新建 DWORD 类型键值，数值为 1。

24. 修改内存运行方式，即优先使用内存而不是虚拟内存

HKEY_LOCAL_MACHINE\SYSTEM\CurrentControlSet\Control\Session Manager\Memory Management，打开右侧窗格中的 DisablePagingExecutive，修改数值为 1 即可。

25. 自动关闭"停止响应的程序"

HKEY_CURRENT_USER\Control Panel\Desktop，打开 AutoEndTasks，修改数值为 1。

26. 加快开关机时间

HKEY_LOCAL_MACHINE\SYSTEM\CurrentControlSet\Control，打开 WaitToKillServiceTimeout，属性设定为 1000。切换到 HKEY_CURRENT_USER\Control Panel\Desktop，打开 WaitToKillAppTimeout，属性设定为 1000，并在相同键下，修改键值 HungAppTimeout，属性为 200 即可。

27. 必须按组合键才可以登录 Windows

HKEY_LOCAL_MACHINE\SOFTWARE\Microsoft\Windows NT\CurrentVersion\Winlogon，打开右侧窗格中的 DisableCAD，修改数值为 0 即可。注意，此项应用后，自动登录系统将会失效。

28. 取消 Windows 快捷键

HKEY_CURRENT_USER\Software\Microsoft\Windows\CurrentVersion\Policies\Explorer，新建 D_WORD 类型键值 NoWinKeys，数值为 1。

29. 删除"运行"的记录

HKEY_CURRENT_USER\Software\Microsoft\Windows\CurrentVersion\Explorer\RunMRU，删除右侧窗格的记录即可。

30. 关闭默认共享的文件夹

HKEY_LOCAL_MACHINE\SYSTEM\CurrentControlSet\services\LanmanServer\Parameters，在右侧窗格中新建两个 D_WORD 的键值，分别命名为 AutoShareServer、AutoShareWKs，值为默认的 0。重新启动后可关闭共享。

默认情况下，Windows 会将系统文件夹、各磁盘驱动器暗自共享出来。在共享文件夹后添加$即可查看。例如，在地址栏输入\\127.0.0.1\C$，按 Enter 键后可查看共享的系统文件夹。

31．开始菜单不显示用户名

HKEY_CURRENT_USER\Software\Microsoft\Windows\CurrentVersion\Explorer\Advanced，新建 D_WORD 类型的键值 Start_ShowUser，默认为 0 即可。

32．自动清除打开文件的记录

HKEY_CURRENT_USER\Software\Microsoft\Windows\CurrentVersion\Policies\Explorer，新建 D_WORD 类型的键值 ClearRecentDocsOnExit，数值为 1 即可。

33．清除访问的网页记录

HKEY_CURRENT_USER\Software\Microsoft\Internet Explorer\TypedURLs，删除右侧窗格中的所有 URL 即可。在 IE 的"Internet 选项"中可以更方便清除记录。

34．更改打开文件的默认程序

子键 1：HKEY_CURRENT_USER\Software\Microsoft\Windows\CurrentVersion\Explorer\FileExts

子键 2：HKEY_CURRENT_USER\Software\Classes

35．彻底隐藏文件，即使显示隐藏文件也看不到

HKEY_CURRENT_USER\Software\Microsoft\Windows\CurrentVersion\Explorer\Advanced，连续新建项（父子）：Folder、Hidden、SHOWALL，在右侧窗格中新建 DWORD 类型的键值：CheckedValue，设置数值为 0（默认）。

36．清除使用 Windows 搜索的关键字

KEY_CURRENT_USER\Software\Microsoft\Windows\CurrentVersion\Explorer\WordWheelQuery，删除右侧窗格中的内容即可。

37．IE 的菜单栏重回地址栏上方

HKEY_CURRENT_USER\Software\Microsoft\Internet Explorer\Toolbar\WebBrowser，在右侧窗格中新建 DWORD 类型的键值 ITBar7Position，数值为 1，重新启动 IE 即可。

38．IE 的搜索栏关闭

HKEY_CURRENT_USER\Software\Policies\Microsoft，连续新建以下项（父子）：Internet Explorer、InfoDelivery、Restrictions，在右侧窗格中新建 DWORD 类型的键值：NoSearchBox，更改数值为 1 即可。

39．IE 的下载默认路径

HKEY_CURRENT_USER\Software\Microsoft\Internet Explorer，双击右侧窗格中的 REG_SZ 类型的 Download Directory，更改内容为路径即可。

40．IE 配置为无法下载文件

HKEY_CURRENT_USER\Software\Policies\Microsoft，依次新建两个项（父子）：Internet Explorer、Restrictions，在右侧窗格中新建 DWORD 类型的键值 NoSelectDownloadDir，设定为 1 即可关闭下载功能。

41．IE 锁定主页无法更改

HKEY_CURRENT_USER\Software\Policies\Microsoft，依次新建项：Internet Explorer、Control Panel，在右侧窗格中新建 DWORD 类型的键值 HomePage，更改数值为 1 即可。

42．封锁"Internet 选项"

HKEY_CURRENT_USER\Software\Policies\Microsoft，依次新建项：Internet Explorer、Restrictions，在右侧窗格中新建 DWORD 类型的键值 NoBrowserOptions，更改数值为 1 即可。

经过测试发现，右键单击 IE 选择"属性"仍可以开启"Internet 选项"。

43. 封锁右键的快捷菜单

HKEY_CURRENT_USER\Software\Microsoft\Windows\CurrentVersion\Policies\Explorer，在右侧窗格中新建 DWORD 类型的键值：NoTrayContextMenu、NoViewContextMenu，数值均为 1 即可。

44. 封锁高级系统设置

HKEY_CURRENT_USER\Software\Microsoft\Windows\CurrentVersion\Policies\Explorer，在右侧窗格中新建 DWORD 类型的键值 NoPropertiesMyComputer，更改数值为 1 即可。

45. 封锁 U 盘

HKEY_LOCAL_MACHINE\SYSTEM\CurrentControlSet\services\USBSTOR，将右侧窗格中的 Start 键值的值更改为 4 即可，反向操作是修改为 3。

46. 封锁注册表编辑器

HKEY_CURRENT_USER\Software\Microsoft\Windows\CurrentVersion\Policies,新建项 System，然后在右侧窗格中新建 DWORD 类型的键值 DisableRegistryTools，更改数值为 1 即可。

想改回来怎么办？具体方法如下：

（1）使用第三方软件，如 Tweak Manager、Ultimate Windows Tweaker 等。

（2）改用 Administrator 账户登录系统，利用注册表编辑器的"加载 Hive 控制文件"功能，删除原有账户的 DisableRegistryTools 键值即可。

需要注意的是，如果在 HKLM 下新建 DisableRegistryTools 键值，则方法（2）是无效的。

47. 汇总：封锁"开始菜单"的功能显示

HKEY_CURRENT_USER\Software\Microsoft\Windows\CurrentVersion\Explorer\Advanced 键，主要记载系统操作界面的布局。例如，桌面图标的隐藏、任务栏的动画显示等相关的键值都保存于此。下面的数值为 0 表示不显示。

（1）Start_ShowControlPanel，控制面板

（2）Start_ShowUser，用户名

（3）Start_ShowMyDosc，文档

（4）Start_ShowMyPics，图片

（5）Start_ShowMyMusic，音乐

（6）Start_ShowMyGames，游戏

（7）Start_ShowMyComputer，计算机

（8）Start_ShowNetPlaces，网络

（9）Start_ShowPrinters，设备和打印机

（10）Start_ShowSetProgramAccessAndDefaults，默认程序

（11）Start_ShowHelp，帮助和支持

（12）Start_ShowRun，运行

（13）Start_TrackProgs，最近打开的程序

（14）Start_TrackDocs，最近打开的文件

HKEY_CURRENT_USER\Software\Microsoft\Windows\CurrentVersion\Policies\Explorer，在这里面设置键值会让如下对应功能在系统任何地方都找不到。

（1）NoStartMenuMorePrograms，所有程序

（2）NoSMMYDocs，文档

（3）NoControlPanel，控制面板

（4）NoSMConfigurePrograms，默认程序

（5）NoSMHelp，帮助和支持

（6）NoRun，运行

6.6　启动组策略编辑器

Windows 功能配置分布在注册表的各个角落，如果是手工配置，可以想象是多么困难和繁杂。而组策略则将系统重要的配置功能汇集成各种配置模块，供用户直接使用，从而达到方便管理计算机的目的。

扫码看视频教程

组策略设置就是修改注册表中的配置。组策略使用了更完善的管理组织方法，远比手工修改注册表方便、灵活，功能也更加强大。

启动组策略编辑器的方式有好几种，关键是记住命令"gpedit.msc"。运行 gpedit.msc 或在 C:\Windows\System32（SysWOW64）找到文件双击，如图 6-11 所示。

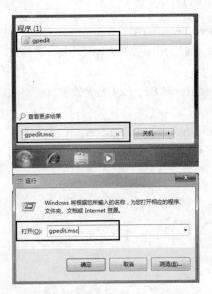

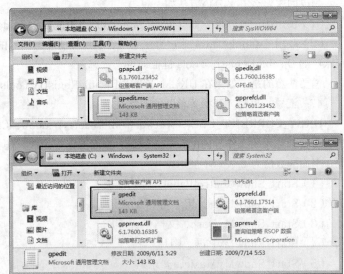

图 6-11　启动组策略编辑器

部分 Windows 家庭版的操作系统去掉了组策略功能。

6.7　认识组策略编辑器

使用组策略之前要先了解组策略编辑器，本节将学习组策略的基本结构。

6.7.1　组策略的基本结构

组策略窗口的结构和资源管理器相似，左边是树型目录结构，由"计算机配置"和"用户配置"两大节点组成。这两个节点下分别有"软件设置""Windows 设置"和"管理模板"3 个节点（见图 6-12），节点下面还有更多的节点和设置。此时单击右边窗口中的节点或设置，便会出现关于此节点或设置的适

用平台和作用描述。

"计算机配置"和"用户配置"两大节点下的子节点的设置有很多是相同的,那么该改哪一处呢?"计算机配置"节点中的设置涉及整个计算机策略,在此处修改后的设置将应用到计算机中的所有用户。"用户配置"节点中的设置一般只涉及当前用户,如果用别的用户名登录计算机,设置就不管用了。但一般情况下建议在"用户配置"节点下修改,本节主要讲解"用户配置"节点的各项设置的修改,附带讲解"计算机配置"节点下的一些设置。其中"管理模板"的设置最多、应用最广,因此也是本节的重中之重。

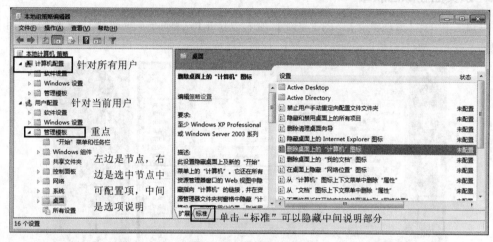

图 6-12 组策略的结构

6.7.2 设置选项的含义

双击每一个可配置项,会弹出设置画面,如图 6-13 所示。如果觉得不好理解,可以仔细阅读"帮助",那里有详细介绍。

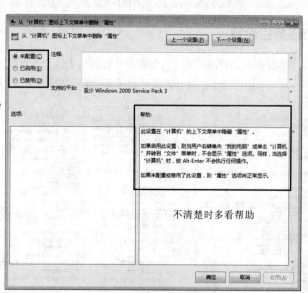

图 6-13 设置选项的含义

6.8 组策略的应用

了解了组策略的结构，本节将继续学习如何通过组策略设置来实现各种功能。和修改注册表一样，修改组策略的关键也是需要掌握技巧。本节以 Windows 7 系统为例，不同版本的系统设置基本一样。

6.8.1 从桌面删除回收站

在左边选中节点【管理模板】下的【桌面】，在右边双击【从桌面删除回收站】，改为【已启用】，再刷新桌面（按 F5，或右键单击桌面选择刷新），回收站图标消失，如图 6-14 所示。

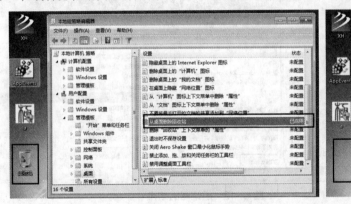

图 6-14 从桌面删除回收站

组策略设置修改后，有的直接生效，有的要刷新后生效，有的则需要注销生效，有的甚至要重启计算机才能看到效果。

6.8.2 开始菜单和任务栏设置

要改变系统的开始菜单和任务栏，自然是在【开始菜单和任务栏】这个节点设置。由于内容很多，而且设置项很容易理解，就不一项一项地讲解了，将开始菜单和任务栏的设置项一一罗列出来，如图 6-15 所示。

标出的为常用项

图 6-15 开始菜单和任务栏的设置项

6.8.3 桌面设置

桌面节点以及子节点的设置项，如图 6-16 所示。

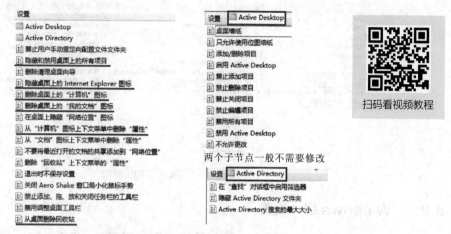

图 6-16 桌面的设置项

6.8.4 系统设置

系统节点以及主要子节点的设置项，如图 6-17 所示。

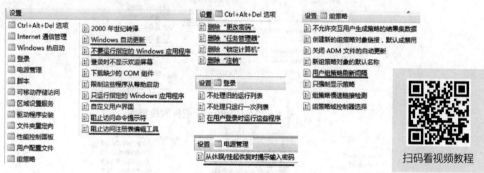

图 6-17 系统的设置项

6.8.5 网络设置

网络设置节点以及子节点的主要设置项，如图 6-18 所示。

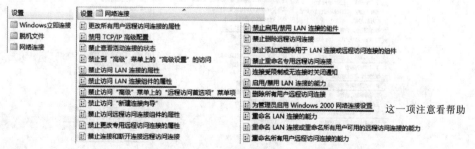

图 6-18 网络的设置项

6.8.6 控制面板设置

控制面板节点以及子节点的主要设置项，如图 6-19 所示。

扫码看视频教程

图 6-19　控制面板的设置项

6.8.7 Windows 组件设置

Windows 组件节点以及子节点的主要设置项，如图 6-20 所示。子节点 Internet Explorer 的设置项如图 6-21 和图 6-22 所示，Windows 资源管理器的设置项如图 6-23 所示。

图 6-20　Windows 组件的设置项

图 6-21　Internet Explorer 的设置项 1

扫码看视频教程

这里所有的设置项都看看

图 6-22   Internet Explorer 的设置项 2

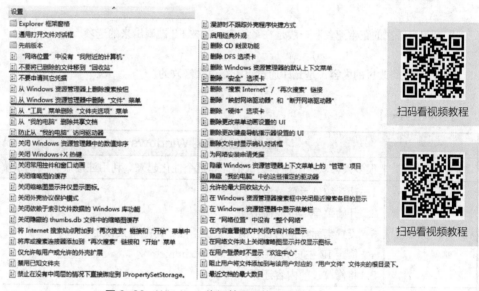

扫码看视频教程

扫码看视频教程

图 6-23   Windows 资源管理器的设置项

6.8.8   组策略设置技巧

当打开组策略时，如果发现一个设置项是【未配置】，但它实际上却起作用了。可以把设置项改为【已启用】，单击【应用】，然后再改回【未配置】，单击【应用】这样就正常了。

本章总结

通过本章的学习，读者掌握了 Windows 注册表和组策略的基本应用，能够通过 Windows 注册表和组策略对系统进行一些设置和修改。希望读者多多练习，争取早日成为高手。

练习与实践

【单选题】

1. 启动注册表编辑器的命令是（   ）。

A. regedit   B. msconfig   C. gpedit.msc   D. reg

2. 启动组策略设置的命令是（　　　）。

　　A. zhucelie　　　　　B. msconfig　　　　　C. gpedit.msc　　　　　D. ghost

【多选题】

1. 下列哪些功能是通过修改注册表可以实现的？（　　　）

　　A. 锁定 IE 主页　　　B. 禁止访问盘符　　　C. 锁定桌面背景　　　D. 隐藏回收站图标

2. 组策略设置中，一般有哪 3 个选项？（　　　）

　　A. 未配置　　　　　　B. 已启用　　　　　　C. 已禁用　　　　　　D. 未启用

【判断题】

1. 注册表和组策略功能完全一样。（　　　）

　　A. 对　　　　　　　　B. 错

2. "最后一次的正常配置"一般是在系统启动前按 F8 键调出来的选项。（　　　）

　　A. 对　　　　　　　　B. 错

3. 注册表修改过的内容，是允许通过组策略再次修改的。（　　　）

　　A. 对　　　　　　　　B. 错

【实训任务一】

通过注册表定制 Windows	
项目背景介绍	很多人喜欢有个性，尝试把计算机个性化起来。利用注册表，实现系统个性化
设计任务概述	1. 让系统显示登录消息 2. 开始菜单尽可能简洁 3. 设置桌面背景为自己的一张生活照，再把背景锁定 4. 锁定 IE 主页为 http://www.jxxhdn.com/ 5. 将修改过的内容还原
实训记录	
教师考评	评语： 　　　　　　　　　　　　　　　　　　　　　　　　辅导教师签字：＿＿＿＿＿＿＿＿＿

【实训任务二】

通过组策略定制 Windows	
项目背景介绍	用注册表修改系统好麻烦，尝试用组策略对系统进行修改
设计任务概述	1. 让系统显示登录消息 2. 开始菜单尽可能简洁 3. 设置桌面背景为自己的一张生活照，再把背景锁定 4. 设置 IE 主页为 http://www.jxxhdn.com/ 5. 将修改过的内容还原
实训记录	
教师考评	评语： 辅导教师签字：_____

第7章

病毒与木马

本章导读

■ 计算机病毒是编制者在计算机程序中插入的破坏计算机功能或者数据的代码，计算机病毒能影响计算机的正常使用，病毒是能自我复制的一组计算机指令或者程序代码。计算机用久了，几乎大多数的计算机使用者都是病毒的受害者。本章主要讲述了常见的一些病毒的工作原理以及预防方法。其目的是使读者能够了解病毒，知道基本的病毒预防和处理方法。

■ 本章的最后安排了实战案例——处理 U 盘病毒、使用木马、破解 RAR 文件密码，通过案例使读者进一步了解病毒，能够更好地预防和处理病毒。

学习目标

■ 了解病毒的概念及特点
■ 掌握病毒的预防
■ 掌握杀毒软件的使用
■ 了解木马的工作原理
■ 熟悉密码安全的原理
■ 了解密码的破解

技能要点

■ 病毒的预防
■ 病毒的模拟
■ 木马的模拟
■ 密码的破解

实训任务

■ 处理U盘病毒
■ 使用盗号木马
■ 破解RAR文件密码

效果欣赏

☐ ✉	looverrrr	🗑 ⚑	号码是1111111111
☐ ✉	网易	⚑	【邀请函】hqm888
更早 (18)			
☐ 👤	baidu	⚑	百度帐号--登录保护验证
☐ ✉	looverrrr	⚑	号码是66666666
☐ ✉	looverrrr	⚑	号码是123456789

号码是1111111111 ⚑ ▷ ⏰ 🖨
发件人：looverrrr<looverrrr@163.com> +
收件人：我<hqm888@163.com>
时 间：2017年05月27日 22:38 (星期六)

1111111111
1111111111

QQ 盗号效果

7.1 了解计算机病毒的概念和特点

本节中将详细介绍计算机病毒的概念和特点，通过学习能让读者了解计算机病毒。

7.1.1 病毒的概念

计算机病毒指编制者在计算机程序中插入的破坏计算机功能或者破坏数据，影响计算机使用并且能够自我复制的一组计算机指令或者程序代码。

木马，也称木马病毒，是指通过特定的程序（木马程序）来控制另一台计算机。木马通常有两个可执行程序：一个是控制端，另一个是被控制端。

木马程序是目前比较流行的病毒文件，与一般的病毒不同，它不会自我繁殖，也并不"刻意"地去感染其他文件，它通过将自身伪装吸引用户下载执行，向施种木马者提供打开被种主机的门户，使施种者可以任意毁坏、窃取被种者的文件，甚至远程操控被种主机。木马病毒的产生严重危害着现代网络的安全运行。

木马与计算机网络中常常要用到的远程控制软件有些相似，但由于远程控制软件是"善意"的控制，因此通常不具有隐蔽性；"木马"则完全相反，木马要达到的是"偷窃性"的远程控制。

7.1.2 病毒的特点

繁殖性：计算机病毒可以像生物病毒一样进行繁殖，当正常程序运行时，它也进行自身复制，是否具有繁殖、感染的特征是判断某段程序为计算机病毒的首要条件。

破坏性：计算机中毒后，可能会导致正常的程序无法运行，计算机内的文件被删除或受到不同程度的损坏。计算机中毒后，破坏引导扇区及 BIOS、硬件环境被破坏。

传染性：计算机病毒通过修改别的程序将自身的复制品或其变体传染到其他无毒的对象上，这些对象可以是一个程序也可以是系统中的某一个部件。

潜伏性：计算机病毒可以依附于其他媒体寄生的能力，侵入后的病毒潜伏到条件成熟才发作，才会使计算机变慢。

隐蔽性：计算机病毒具有很强的隐蔽性，一般要通过病毒软件才能检查出来，还有少数计算机病毒时隐时现、变化无常，杀毒软件都难发现，处理起来非常困难。

可触发性：编制计算机病毒的人，一般都为病毒程序设定了一些触发条件，例如，系统时钟的某个时间或日期、系统运行了某些程序等。一旦条件满足，计算机病毒就会"发作"，使系统遭到破坏。

7.2 U 盘病毒

U 盘病毒顾名思义就是通过 U 盘传播的病毒。自从发现 U 盘 autorun.inf 漏洞之后，U 盘病毒的数量与日俱增。U 盘病毒并不是只存在于 U 盘上，中毒的计算机每个分区下面同样有 U 盘病毒，计算机和 U 盘交叉传播。

7.2.1 U 盘病毒

U 盘病毒，又称 Autorun 病毒，就是通过 U 盘产生 autorun.inf 文件进行传播的病毒。随着 U 盘、移动硬盘、存储卡等移动存储设备的普及，U 盘病毒已经成为目前比较流行的计算机病毒之一。

U 盘对病毒的传播要借助 autorun.inf 文件，病毒首先把自身复制到 U 盘中，然后创建一个 autorun.inf

文件，当双击 U 盘时，会根据 autorun.inf 文件中的设置去运行 U 盘中的病毒。

假如双击打开 U 盘时，不是在当前窗口打开，而是在新窗口中打开，那么很有可能中毒了。

一般处理的办法是：在插入 U 盘时按住 Shift 键直到系统提示设备可以使用，防止 U 盘自动运行而执行病毒程序，然后打开 U 盘时不要双击打开，也不要用右键菜单的打开选项打开，而要使用资源管理器将其打开，或者使用快捷键 Win+E 打开资源管理器后，通过左侧栏的树形目录打开可移动设备。然后打开 autorun.inf 文件，确定病毒文件位置，最后将 autorun.inf 与病毒文件（通常为*.exe 的隐藏文件）一并删除即可，如图 7-1 和图 7-2 所示。

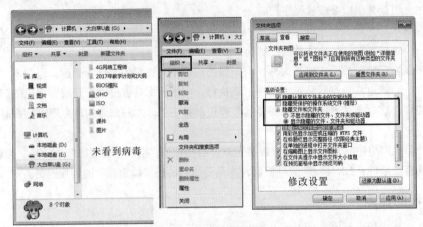

图 7-1 修改文件夹选项

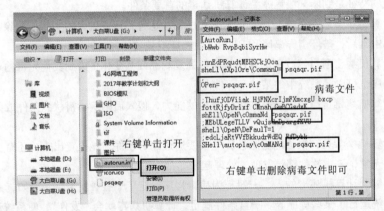

图 7-2 识别 U 盘病毒

7.2.2 文件夹图标病毒

随着操作系统的变化和补丁的更新，系统的自动播放功能只对光盘有效。现在的 U 盘病毒更流行另一种传播方式，那就是文件夹图标病毒。

文件夹图标病毒是具有类似性质的病毒的统称，此类病毒会将真正的文件夹隐藏起来，并生成一个与文件夹同名的 exe 文件，并使用文件夹的图标，使用户无法分辨，从而频繁感染。

扫码看视频教程

发现这种病毒的方法也很简单，插上 U 盘后，不要双击打开 U 盘，而要使用资源管理器通过左侧栏的树形目录打开。如果发现有文件夹图标出现，而不是在左侧出现，那这就是病毒伪装的文件夹了，如图 7-3 所示。

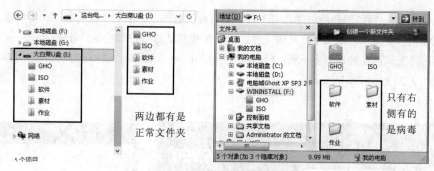

图 7-3　识别文件夹图标病毒

发现了病毒，下面要让它们显出真身，如图 7-4 所示。

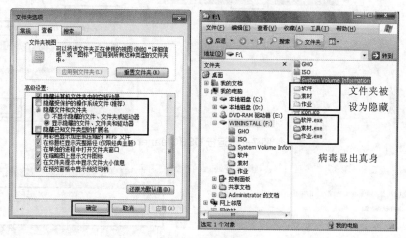

图 7-4　病毒显形

对于病毒直接右键单击删除就好了，对于被设隐藏的文件夹，把隐藏属性去掉就好了。

7.2.3　U 盘专杀工具 USBCleaner

U 盘专杀工具使用效果如图 7-5 所示。

图 7-5　USBCleaner 软件包

　　USBCleaner 是一种纯绿色的辅助杀毒工具，具有检测查杀 70 余种 U 盘病毒、U 盘病毒广谱扫描、U 盘病毒免疫、修复显示隐藏文件及系统文件、安全卸载移动盘盘符等功能，能够全方位一体化修复杀除 U 盘病毒。该工具可直接从网上下载：http://soft2.xitongzhijia.net:808/201404/USBCleaner_V6.0 Build 20101017_XiTongZhiJia.rar。

　　双击运行主程序，效果如图 7-6～图 7-8 所示。

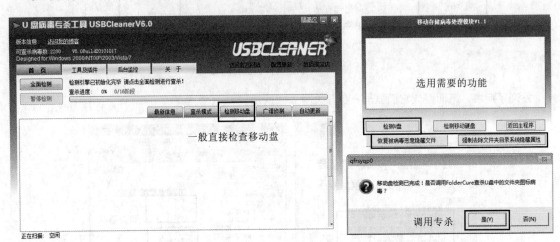

图 7-6　运行 USBCleaner

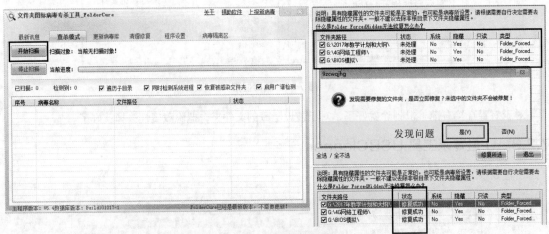

图 7-7　专杀进行修复

图 7-8　各种常用功能修复

7.3 木马

"木马"程序是目前比较流行的病毒文件，它能够通过一段特定的程序（木马程序）来控制另一台计算机。本节将主要介绍木马的工作原理以及防范方法。

7.3.1 "木马"的概念

"木马"与一般的病毒不同，它不会自我繁殖，也不会刻意地去感染其他文件，它通过将自身伪装吸引用户下载执行，向施种木马者提供打开被种主机的门户，使施种者可以任意毁坏、窃取被种者的文件，甚至远程操控被种主机。木马病毒的产生严重危害着现代网络的安全运行。简单来说"木马"就是用来非法控制计算机或盗取资源的。

"木马"与计算机网络中常常要用到的远程控制软件有些相似，但由于远程控制软件是"善意"的控制，因此通常不具有隐蔽性；"木马"则完全相反，木马要达到的是"偷窃性"的远程控制。

7.3.2 QQ 盗号木马

让我们看一下 QQ 木马的盗号过程，从而了解木马。先通过木马生成器生成木马，具体如图 7-9 所示。

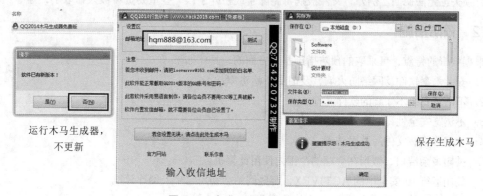

图 7-9　生成 QQ 盗号木马

将木马通过 QQ、邮件发送给别人，或是打包成压缩文件再改个名字欺骗用户下载。用户单击或下载木马运行后，就有被盗号的风险，具体如图 7-10 所示。

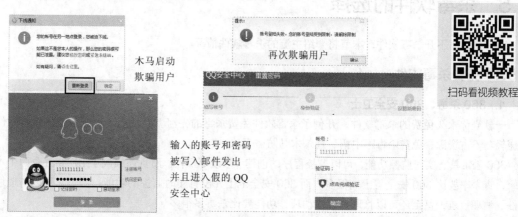

图 7-10　QQ 盗号木马工作过程

进入信箱，验证一下，则盗号成功，如图 7-11 所示。

图 7-11　进信箱查看 QQ 盗号成功

7.4　对待病毒的方法

感染计算机病毒会给我们带来麻烦，本节将介绍对待病毒的方法，以降低中病毒的可能性。

7.4.1　基本原则

对待计算机病毒应以"预防"为主。因为一旦感染了计算机病毒，有可能已经产生损失，再把病毒清掉，损失也无法挽回。例如，文件被病毒删除了或粉碎了，一些重要资料被人窃取了，等等。

7.4.2　预防措施

根据病毒的特点，可采取的预防措施是多方面的，具体如下。

1. 安装杀毒软件及网络防火墙，及时更新病毒库。
2. 不随意安装不知晓的软件。
3. 不浏览安全性得不到保障的网站。
4. 从网络下载文件后及时杀毒。
5. 关闭多余端口，做到在合理的范围内使用计算机。
6. 关闭运行 IE 安全中的 ACTIVEX，有些网站会利用它来入侵计算机。
7. 如果有条件，尽量使用非 IE 内核的浏览器。
8. 不要使用修改版的软件，如果一定要用，请在使用前查杀病毒或木马，以确保安全。

7.5　杀毒软件的选择

对待病毒离不开杀毒软件，本节将介绍主流的杀毒软件情况。

7.5.1　免费杀毒软件

1. 360 杀毒、360 安全卫士

一款号称永久免费的杀毒软件，开创了杀毒软件免费杀毒的先河。其功能不差于收费的杀毒软件、快速轻巧不占资源；免费杀毒不中招、查杀木马防盗号。

360 杀毒具有实时监控功能，可以监控程序的创建、修改等操作。而且还集成了 BD 和红伞两个本地引擎，查杀率要比 360 安全卫士高很多。而 360 安全卫士并没有实时监控的功能，但是它可以清理垃圾文件、清理痕迹，甚至还可以管理系统启动项，功能要比杀毒多很多。

其实，360 安全卫士就是打补丁、清理垃圾、管理计算机用的，杀毒是实时监控、专门用来杀毒的。

另外这两者功能根本不重复，反倒是相辅相成。

2．腾讯电脑管家

腾讯电脑管家拥有云查杀木马、系统加速、漏洞修复、实时防护、网速保护、电脑诊所、健康小助手等功能。它首创的"管理+杀毒"2 合 1 功能，依托管家云查杀引擎、第二代自主研制的反病毒引擎"鹰眼"、小红伞（antivir）杀毒引擎和管家系统修复引擎。腾讯电脑管家拥有 QQ 账号全景防卫系统，针对网络钓鱼欺诈及盗号打击方面以及在安全防护及病毒查杀方面的能力已达到国际一流的杀毒软件水平。腾讯电脑管家已获得英国西海岸 CheckMark 认证，VB100 认证和 AV-C 认证，已斩获全球三大权威评测大满贯的成绩。

3．小红伞免费杀毒

小红伞免费杀毒是一款全球领先的防病毒软件，它可提供病毒防护，保护计算机免遭危险的病毒、蠕虫、特洛伊木马、Rootkit、钓鱼、广告软件和间谍软件的危害。小红伞产品因其极高的稳定性和近乎完美的一系列 VB100 奖项而闻名。

4．百度卫士

百度卫士是国内 IT 巨头，继 360 安全卫士、金山卫士、腾讯电脑管家后，百度也正式进军这类桌面安全管理软件的开发。它集合了计算机加速、系统清理、木马查杀和软件管理功能，竭力为用户提供轻巧、快速、智能、纯净的产品体验。

5．金山毒霸（新毒霸）

金山毒霸的最新毒霸悟空拥有各类强大的功能，悟空首创了全平台，计算机、手机双平台杀毒，这一创新遥遥领先了同类产品。而且它还有全引擎的最新 KVM、六殿勤全方位杀毒和悟空的火眼金睛系统，智能的立体式杀毒模式帮你全面彻底地清理病毒。

6．卡巴斯基免费版

卡巴斯基实验室在中国市场推出一款免费保护 Windows 个人和家庭用户的安全产品——卡巴斯基免费版。这款最新产品基于卡巴斯基实验室屡获殊荣的安全技术易于使用，能够为用户提供基础的安全保护，抵御最为常见的网络威胁，全面整合服务和最新技术。

7．瑞星杀毒软件

瑞星杀毒软件是一款以用户体验和视觉效果为标准的全新安全产品，最新版优化了云查杀的功能和性能，大大提升了病毒查杀率，且更节省系统资源。

8．火绒安全软件

火绒安全软件是一款轻巧高效免费的计算机防御及杀毒类安全软件，它可以显著增强计算机系统应对安全问题时的防御能力，能全面拦截查杀各种类型的病毒，不会为了清除病毒而直接删除病毒感染文件，全面保护用户文件不受损害。这款软件体积小巧，系统内存占用率极低，保证在主动防御和查杀过程中绝对不卡机。

9．AVG 免费杀毒软件

AVG 免费杀毒软件是一款欧洲有名的杀毒软件，功能上相当完整，可即时对任何存取文件进行检测，防止计算机被病毒感染；可对电子邮件和附加文件进行扫描，防止计算机病毒通过电子邮件和附加文件传播。

7.5.2　付费杀毒软件

1．avast PREMIER 高级版

该软件以 PC 防病毒安全为最终目标，功能齐全，拥有智能防毒、CyberCapture 威胁检测、行为防护、智能扫描、防火墙、沙盒、Wi-Fi 检测器、浏览器清理、数据粉碎机、自动软件更新、反垃圾邮件、

真实站点、邮件防护等功能，可以为用户提供最全面的安全保障。

2. ESET NOD32 防病毒软件

ESET NOD32 是该款网络安全套装软件，它提供的 Windows 版在检测率、速度和易用性上独具最佳平衡性，为日常网络用户提供终极保护。无论网络遨游、工作或游戏，均可享受到快速、强大的软件防护效力。

3. 江民速智版杀毒软件

江民速智版杀毒软件是经过二十余载的技术沉淀，完全自主研发的国产品牌。该杀毒软件既有卓越的查杀病毒能力，更体现了其在安全领域的精湛技艺。木马病毒库由国际最为严格的第三方安检机构 ICSA 每月一次深度探测，安全性较高。

4. 卡巴斯基正版杀毒安全软件

卡巴斯基正版杀毒安全软件是一款在全球都很出名的杀毒软件，能够提供抵御所有互联网威胁的高级 PC 保护，确保用户在进行银行交易、购物、网上冲浪和使用社交网络等在线活动时的安全，同时最大程度地降低了对系统资源的影响。

5. 赛门铁克杀毒软件

赛门铁克杀毒软件在全世界都是最优秀的杀毒软件之一，有企业版本、专业版本、标准版本，占用更低的系统资源，提供更可靠的性能。全球唯一病毒码更新的速度远快于病毒散播的速度的病毒防护方案。

6. 麦克沃德杀毒软件

麦克沃德杀毒软件是一款集反病毒、反垃圾邮件和内容安全于一身的全功能解决方案，它能保护计算机免受病毒、间谍软件、广告软件、键盘记录器、超级后门、僵尸网络、黑客攻击、垃圾邮件、网络钓鱼、不良内容和其他安全威胁的侵害。麦克沃德杀毒软件通过其强大的 MWL 和 NILP 技术以及深度启发式扫描算法为计算机和网络提供完全保障。

7. 木马清道夫杀毒软件

木马清道夫杀毒软件是一款专门查杀并可辅助查杀木马的专业级反木马信息的安全软件。它可以自动查杀百万种木马病毒，拥有海量木马病毒库，配合手动分析可近 100%对未知木马病毒进行查杀，不仅可以查木马病毒，还可以分析出恶意程序、广告程序、后门程序、黑客程序等，拥有专业的分析功能、完美的升级功能，让您不再惧怕木马病毒，远离木马病毒的困扰。

8. 微点杀毒软件

微点杀毒软件主要针对日益凸显的病毒、木马、恶意软件的检测而诞生，对于各种病毒、变种木马具有很好的检测能力。微点杀毒软件除了采用传统的特征值扫描技术外，还融合了国际领先的虚拟机技术和启发式扫描技术，不仅能够查杀已知病毒，还可以对未知病毒进行检测。

7.5.3 杀毒软件的选择

每个杀毒软件都有自己的特点，不能简单地说哪个好。与免费的相比，收费的具有更强的效果。但对于一般用户来说，免费的就够用了。免费的可以尝试 360 杀毒、360 安全卫士以及腾讯电脑管家，目前这两款在国内用得比较多。360 要装两个软件，杀毒能力一般，但提供很多其他功能，对于非专业人士来说很实用。腾讯电脑管家"2 合 1"功能确实很方便，云查杀也很有特点。

杀毒软件建议只装一个，装多了不仅会多消耗系统资源，而且软件之间也容易引起冲突，导致计算机使用异常。

7.6　杀毒软件的使用

选好了杀毒软件后，本节将学习杀毒软件的下载和使用方法，这里以腾讯电脑管家为例。

7.6.1　下载和安装

进入页面 http://guanjia.qq.com/进行下载，具体如图 7-12 所示。

图 7-12　电脑管家下载

双击下载的文件直接安装，具体如图 7-13 所示。

图 7-13　电脑管家安装

7.6.2　电脑管家的使用

电脑管家的具体操作如图 7-14～图 7-20 所示。

图 7-14　使用电脑管家进行全面体检功能

图 7-15　使用电脑管家进行闪电杀毒

图 7-16　使用电脑管家进行清理垃圾

图 7-17　使用电脑管家进行计算机加速

图 7-18　使用电脑管家进行软件分析

图 7-19　使用电脑管家的其他工具

图 7-20　使用电脑管家有针对性检查

7.7　密码安全

很多人密码设置得过于简单，本节将主要介绍密码安全问题。

7.7.1　什么才是安全的密码

要想密码安全应该注意以下几点。

1. 密码长度要够，越短的密码越容易被破解，建议密码长度为 10 位以上。随着计算机的运算速度越来越快，对长度要求是越来越长。

2. 密码最好能满足复杂度要求，即密码至少要包含大写字母、小写字母、数字、特殊符号这 4 类中的 3 类。

3. 不要因为密码难记，而采用把密码写在本子上、存在文件里等方式来保存密码。这样出问题的时候容易让人"一锅端"。

4. 不同地方使用不同密码。很多人习惯一个密码用在很多地方，这样密码被人破解了一个就等于破解了 N 个。

5. 密码用久要更换。有些人一个密码长期不更换，而密码用的越久被破解的概率就越高，所以用了一段时间后更换新密码是有必要的。

密码设得是否完全，可以直接到网上检测，下面提供一个可以进行在线密码强度检测的网站：https://mimaqiangdu.51240.com/，具体效果如图 7-21 所示。

图 7-21　在线密码强度检测

同样，网上也可以在线生成随机密码：http://suijimimashengcheng.51240.com/，具体效果如图 7-22 所示，但这样生成的密码不好记忆。

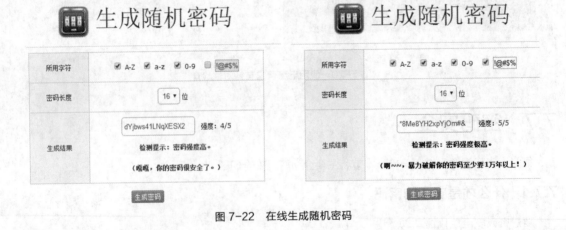

图 7-22　在线生成随机密码

7.7.2　破解 RAR 文件密码

RAR 文件是一种常用的压缩文件，为了安全可以进行加密。如果自己把加密密码忘了怎么办呢？下面学习一个 RAR 文件密码的破解软件。Advanced RAR Password Recovery 是一款强力的 RAR 密码破解工具，破解工具页面简洁，功能强大，支持暴力破解、掩码破解和字典破解，是实用的 RAR 密码破解工具。

首先，从网上下载软件，网上搜索 Advanced Rar Password Recovery 破解版。安装运行并注册，具体操作如图 7-23 ~ 图 7-25 所示。

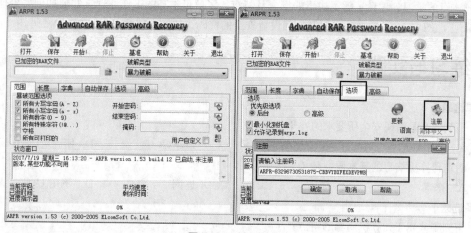

图 7-23　注册软件

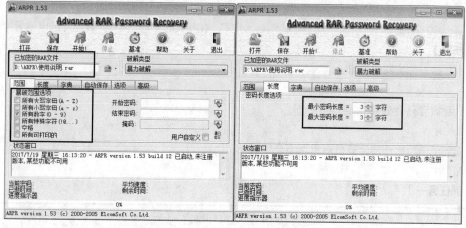

图 7-24　破解设置

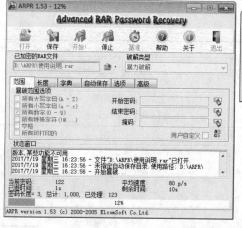

图 7-25　破解结果

针对性的设置，可以提高破解的速度和成功率

扫码看视频教程

本章总结

通过本章的学习，读者了解了病毒的概念及特点，了解了木马的工作原理，知道如何去处理病毒。同时也知道了密码安全的重要性，以及如何设置安全的密码，如何去破解 RAR 文件的密码。

练习与实践

【单选题】

1. 下列哪个是密码安全所要求的?（　　　）

    A. 简单好记　　　　　B. 足够复杂　　　　　C. 越短越好　　　　　D. 密码可以用一辈子不换

2. 对待计算机病毒的基本原则是（　　　）。

    A. 杀毒　　　　　　　B. 防毒　　　　　　　C. 不连网　　　　　　D. 不用 U 盘

【多选题】

1. 下列哪些属于计算机病毒的特点?（　　　）

    A. 破坏性　　　　　　B. 传染性　　　　　　C. 隐蔽性　　　　　　D. 可触发性

2. 下列哪些属于杀毒软件?（　　　）

    A. 360 杀毒　　　　　B. 卡巴斯基　　　　　C. OFFICES　　　　　D. 腾讯电脑管家

【判断题】

1. 木马是一种特殊的病毒。（　　　）

    A. 对　　　　　　　　B. 错

2. U 盘病毒只会感染 U 盘。（　　　）

    A. 对　　　　　　　　B. 错

3. 安装了杀毒软件的计算机是永远不会中毒的。（　　　）

    A. 对　　　　　　　　B. 错

【实训任务一】

处理 U 盘病毒	
项目背景介绍	现在 U 盘是病毒的重灾区，如何发现并解决 U 盘病毒
设计任务概述	1. 检查 U 盘有没有中毒 2. 如果有 U 盘病毒，将其清除
实训记录	
教师考评	评语:

辅导教师签字:＿＿＿＿＿＿＿＿＿＿

【**实训任务二**】

使用盗号木马	
项目背景介绍	当前盗号木马是很烦人的东西，为了更好地防范木马，请练习一下 QQ 盗号木马的使用
设计任务概述	1. 利用木马生成器生成木马 2. 将盗号木马放置到计算机中 3. 利用木马盗号并通过登录邮箱查看结果
实训记录	
教师考评	评语： 辅导教师签字：_____

【**实训任务三**】

破解 RAR 文件密码	
项目背景介绍	密码安全问题要引起重视，通过破解 RAR 文件密码来感受一下密码安全的重要性
设计任务概述	1. 压缩一个文件并设置 3 位长度的密码 2. 网上下载解密软件并安装 3. 通过软件破解密码
实训记录	
教师考评	评语： 辅导教师签字：_____

第8章

维护维修计算机

本章导读

■ 计算机越用越慢，可能是软件出问题了，也可能是系统出故障了，最终导致计算机开不起来了。在使用计算机的过程中不可避免地会遇到各种问题。本章主要讲述如何去维护、维修计算机。目的是使读者在遇到一般的计算机问题时能够找出原因，能够解决问题。

■ 本章安排了多个实战案例，通过案例使读者进一步掌握各种计算机维护和维修技巧。

学习目标

■ 熟悉故障分析思路

■ 掌握各种故障检测方法

■ 掌握常见故障处理方法

■ 了解常见硬故障及软故障

技能要点

■ 故障分析思路

■ 故障检测方法

■ 常见故障处理

实训任务

■ 分区恢复

■ 文件恢复

■ 清除主板密码

■ 清除系统密码

效果欣赏

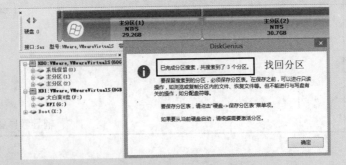

8.1 故障分析思路

本节中将介绍故障分析的思路，这有助于读者更好地分析故障，更快地发现故障。

先想后做：根据观察到的故障现象，分析可能产生故障的原因。先想好怎样做，从何入手，再去动手。

先问再分析：如果不能直接观察，如果遇到朋友打电话来求教，一定要多问，只有问清楚了，才能有针对性地做出分析。对于不太懂的人，问问题时一定要注意技巧，例如"计算机什么配置？"这样的问题就不如问"计算机买多久了？""计算机花了多少钱？""机箱灯亮了没有？""显示器灯有没有亮？有没有显示内容？内容是什么？""计算机有没有响声？什么样的声音？"尽可能引导式地询问。

先软件后硬件：对于有内容显示的计算机，我们应该先判断是否为软件故障，等软件问题排除后，再着手检查硬件。

先外设后主机：优先检查机箱外面，再检测机箱里面。

主次分明：有时可能会看到一台故障机不止有一个故障现象，应该先判断、解决主要的故障现象，再解决次要的故障现象，有时可能次要故障随主要故障一起消失。

8.2 直接观察法

中医讲究的是望、闻、问、切，计算机的维修也有类似的方法，那就是直接观察法。直接观察法主要有 4 个方面，即看、闻、听、触。

8.2.1 看

顾名思义，看就是用眼睛看。在计算机故障分析处理的时候，我们可以看指示灯、看提示，很多时候，指示灯会告诉我们故障的位置。对于不同的计算机，灯的颜色、图案及含义也会有一些差别。在这里给出一些主流的指示灯情况，如图 8-1 所示。

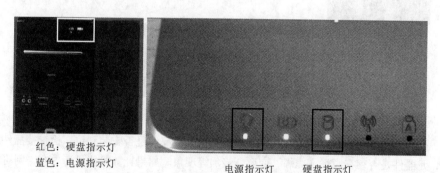

红色：硬盘指示灯
蓝色：电源指示灯

电源指示灯　　硬盘指示灯

图 8-1　电源指示灯和硬盘指示灯

电源指示灯一般为绿色或蓝色，维修计算机时，如果按不亮，一般先检查电源线、插线板，再检查电源，最后检查主板。

硬盘指示灯一般为红色，笔记本电脑有用其他颜色的。正常的计算机，计算机在通电后，硬盘灯是闪烁的。如果计算机开机，灯一直是暗的，一般是未检测到硬盘，先检查硬盘接线，再考虑硬盘；如果计算机开机，灯一直强闪，而且进不去系统，一般是硬盘有物理故障，需要检修硬盘。

通过显示器指示灯（笔记本电脑没有），可以知道显示器的状态。如果通电后，灯为蓝色或绿色表明显示器为正常工作，说明显示器收到了主机的信号；如果通电后灯为橘黄色或闪烁（显示器节能状态不算），要检查显示器接线有没有接好，有没有接对显卡（双显卡计算机），视频线有没有坏，最后看主机有没有故障。显示器指示灯如图 8-2 所示。

 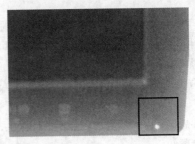

图 8-2　显示器指示灯

有线网卡通常有两个指示灯，接通网络后一个是绿色常亮的指示灯，另一个是黄色闪烁的指示灯。绿色表示接通，如果两个指示灯都没反应，一般检查网卡、网线以及网线两头的连接情况；黄色闪烁一般表示网线上在传输数据，如果不闪，可能是网络不通，先检查计算机设置，再检查线路。无线网卡指示灯是笔记本电脑才可能有的，灯亮就表示无线功能开启，灯灭就表示未开启。无线网接不通时，先看看灯有没有亮，具体如图 8-3 所示。

至于键盘的指示灯，学过计算机的都应该很熟悉了，一个数字锁定，一个大小写锁定，一个滚动键锁定。在检查故障的时候可以这样来判断，用按键来控制键盘灯，如果可以控制，一般说明主机正常，如果不能控制，则说明主机有故障。

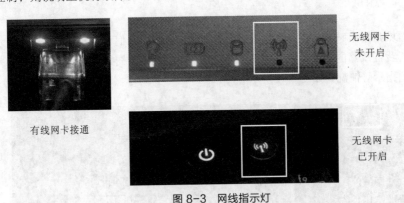

图 8-3　网线指示灯

除了看指示灯外，在检查故障时还要仔细观察主机内各部件是否安装到位，检查接插件及数据线是否有松动，元器件是否存在脱焊、虚焊、变形、烧焦等现象。如果计算机能显示内容，则可以根据显示的提示具体分析。

8.2.2　闻

在检修计算机时，如果闻到焦煳味，应立即切断电源，否则会扩大故障。闻到气味要及时断电，顺着气味找故障点。

8.2.3 听

在检修计算机时如果发出报警声，从某种意义上讲，这是好事。因为声音会告诉我们故障的位置。目前主要是台式机会发声，报警声由长短音构成。根据主板的 BIOS 程序不同，声音含义也有差别。

Award BIOS 报警声如表 8-1 所示。

表 8-1　Award BIOS 报警声

1 短	系统正常启动。如果显示器无信号，检查显示接线和显示器
2 短	常规错误。重新设置 CMOS 中不正确的选项
1 长 1 短	RAM 或主板出错。先检查内存，再检查主板
1 长 2 短	显示器或显示卡错误，一般为显卡故障
1 长 3 短	键盘控制器错误。一般要修主板
1 长 9 短	BIOS 损坏。通过仪器刷 BIOS，或者换 BIOS 芯片
重复长声	内存条故障。插拔法处理内存，如损坏应予更换
不停地响	重新连接计算机各个接头
重复短响	电源问题，一般要维护或更换电源

AMI 报警声如表 8-2 所示。

表 8-2　AMI 报警声

1 短	内存刷新故障
2 短	内存 ECC 校验错误
3 短	系统基本内存检查失败
4 短	系统时钟出错
5 短	CPU 出现错误
6 短	键盘控制器错误
7 短	系统实模式错误
8 短	显示内存错误
9 短	BIOS 芯片检验错误
1 长 3 短	内存错误
1 长 8 短	显示器数据线或显卡未插好

有些特别情况要注意：有些计算机开机时压住了键盘也会有"重复短音"；有些主板"重复短音"也指内存报警；"呜啦呜啦"的救护车声，伴随着开机长响不停，这是 CPU 过热的系统报警声。

8.2.4 触

检修计算机时，手的触觉也是很有用的。手主要可以用来感觉温度和电的问题。

触摸元器件，如果无温度（几乎与室温一样），说明元器件不工作；如果温度过高（发烫），说明元器件过流或短路。

手碰到机箱被电到了，则可能是漏电或是静电。

区分静电和漏电的方法是：拔掉电源线再试，如果再被电到则是静电，如果没有被电到，则说明是漏电。静电要及时释放，提高湿度可有效防止静电。而漏电要及时维修或更换设备。

8.3 其他故障检测方法

除了直接观察法，还有很多硬件检测方法可以用于检测故障。

8.3.1 最小系统法

最小系统法是指从维修判断的角度来看，能满足计算机开机运行的最基本的硬件和软件环境。最小系统法有两种形式。

硬件最小系统由电源、主板、CPU、内存、显卡（可以是集显、核显）和显示器组成。整个系统主要通过主板报警声和开机自检信息来判断这几个核心配件部分是否可以正常工作。

运行软件最小系统由硬件最小系统加上键盘和硬盘组成，这个最小系统主要用来判断系统是否可以完成正常的启动与运行。

最小系统法主要是先判断在最基本的软硬件环境中，系统是否可以正常工作。如果不能正常工作，即可判定最基本的软硬件有故障，可以缩小查找故障配件的范围。

8.3.2 插拔法

当怀疑系统的故障是由外部设备、板卡（如显卡、内存、声卡等）或可拔除部件引起时，可使用插拔法检测计算机。

插拔法是通过将插件板或芯片"拔出"或"插入"来寻找故障原因的方法。其骤如下。

1. 首先切断电源，将主机与所有的外设连接线拔出，再开通电源。若故障现象消失，则检查外设连接处是否有碰线、短路、插针间相碰等故障现象。若故障现象仍然存在，则应检查主板与机箱之间、电源与机箱之间有无短路现象，关机后继续进行下一步检查。

2. 将主板上的所有插件拔出，再接通电源。若故障现象消失，则故障出现在拔出的某个插件上，此时可转到第 3 步。若故障现象仍然存在，则应检查主板与机箱之间、电源与机箱之间有无短路现象，若没有发现问题，则可断定是电源直流输出电路本身的故障。

3. 对从主板上拔下来的每一块插件进行常规自测，仔细检查是否有相碰或短路现象。若无异常发现，则依次插入主板，每插入一块都开机检查故障现象是否重新出现，即可很快找到故障的插件。

8.3.3 替换法

替换法是用好的部件去代替可能有故障的部件，以故障现象是否消失来判断的一种维修方法。

通过替换部件来确定故障点，若故障转移到没有问题的部件上，说明就是刚才交换的部件有故障；如果问题依然存在，再继续查找故障。运用替换法时，要防止静电造成故障，不可带电操作，否则会造成人为故障。

好的部件可以是同型号的，也可以是不同型号的。替换的顺序一般依据以下几点。

1. 根据故障的现象，来考虑需要进行替换的部件或设备。

2. 按替换部件的难易顺序进行替换，如先内存、然后 CPU，最后主板。

3. 最先考查怀疑有故障的部件相连接的连接线、信号线等。

4. 然后替换怀疑有故障的部件，之后替换供电部件，最后是与之相关的其他部件。

5. 从部件的故障率高低来考虑最先替换的部件，故障率高的部件优先进行替换。

8.3.4 隔离法

隔离法是将可能有故障的硬件或软件屏蔽起来的一种判断方法。它也可用来将怀疑相互冲突的硬件、软件相隔离以检测故障是否发生变化的一种方法。对于软件屏蔽来说就是停止其运行，或者卸载；对于硬件屏蔽来说是禁用，卸载其驱动，或者直接将硬件从系统中拆除。

8.4 故障分析

本节将主要介绍各种情况下的故障分析思路。

8.4.1 开机无显示故障

先检查主机和显示器的电源线是否连接好，插线板带电是否正常。

在确认外部连接都正确的情况下，按如下顺序检修。

按下主机的电源开关时，观察主机和显示器的电源指示灯是否亮着。若电源指示灯不亮，首先要确定电源是否有故障。

如果电源工作良好，就用前面讲的"最小系统法"来排除故障。先建立一个"最小系统"，然后开机观察。观察 CPU 电源风扇是否工作正常。如果 CPU 风扇没有转动，问题就可能出在主板上，换块主板试试；如果 CPU 风扇转动，就可以在关闭电源后拔掉内存条再开机。如果没有报警声，一般是 CPU 或主板问题，可以用替换法来发现问题（经验告诉我们，主板故障的可能性远远大于 CPU）。最后可根据报警声判断内存或显卡故障。

尝试建立"硬件最小系统"的方法：先断电，取下连接在主板上的其他设备，只保留电源、主板、内存、CPU、显卡和面板连接线，在开机前先对 CMOS 放电（具体方法见后面的清除主板密码），这样就建立了一个最小系统。

判断电源是否正常的方法：取下电源，找出电源连接主板主插头的绿色电源线和任何一根黑色电源线，用导线短拉这两根线。通电后，观察电源的风扇是否在转动，若没有转动则电源故障。

判断内存、显卡故障的方法：建立了最小系统之后，可根据主板 BIOS 报警声来判断是否存在内存故障、显卡故障等问题。可对内存条和显卡使用插拔法进行处理。

8.4.2 开机有显示故障

开机有显示，但启动不正常，这类故障大多是由软件故障引起的，但也不排除因硬件有问题引起这类故障。如果开机有显示，那么一般来说电源、CPU、主板和显卡应该没有问题，若是硬件故障，主要应该怀疑硬盘、主板接口、数据线、内存条。如果用最小系统能够正常启动，我们应该一件一件地添加其余部件。首先接上硬盘，若系统无法启动，换接口和数据线试试，如果故障依旧，可以重点检查硬盘。

8.4.3 软件故障的解决思路

1. 注意提示。软件故障发生时，系统一般都会给出错误提示，仔细阅读提示，根据提示来处理故障常常可以事半功倍。

2. 重新安装应用程序。如果是应用程序应用时出错，可以将该程序卸载后重新安装，大多时候重新安装程序可以解决很多程序出错的故障。同样，重新安装驱动程序也可修复设备因驱动程序出错而发生的故障。

3. 利用杀毒软件。当系统突然出现运行缓慢或者出错情况时，应当运行杀毒软件扫描系统看是否存在病毒。

4. 升级软件版本。有些低版本的软件存在漏洞，容易在运行时出错。一般高版本的程序比低版本更加稳定，因此如果一个软件在运行中频繁出错，可以升级该软件的版本。

5. 寻找丢失的文件。如果系统提示某个系统文件找不到了，可以从其他使用相同操作系统的计算机中复制一个相同的文件，也可以从操作系统的安装文件中提取原始文件到相应的系统文件夹中。

8.4.4　常见硬件故障原因

1. 散热不良。计算机风扇属于消耗品，用久了性能会下降，从而会因高温导致计算机故障。特别注意有风扇的位置，如 CPU 风扇、显卡风扇、主板风扇、电源风扇等。

2. 接触不良。移动、灰尘、氧化容易引起计算机配件接触不良。在计算机开机无显示的情况下，把内存和显卡仔细清洁、多插拔几次，维修成功率还是很高的。

3. 灰尘太多。灰尘容易引起短路、静电、温度等多方面的问题。在维修计算机时，如果打开机箱发现灰尘较多，先清理灰尘，等清理完也许计算机就好了。

4. 设备不匹配。有些计算机配件分开用都好用，放一起会出现问题，所以在给计算机加配件或换配件的时候要注意这个问题。特别提醒，给计算机加内存条时可能会出现这个问题。

5. 劣质零部件。购买新机或有新配件时要多测试，有问题及早发现及时更换。

8.4.5　常见软件故障原因

1. 病毒感染。这是目前常见问题之一，所以计算机要安装杀毒软件。再次强调，防病毒比杀毒更重要。

2. 系统文件丢失或损坏。某一次开机系统进不去了，屏幕上还提示某个文件丢失或损坏。一般不需要重装系统，从其他计算机或网上找到相应的文件放入 U 盘，然后利用启动 U 盘启动计算机，进入 PE 修复文件。

3. X.DLL 文件丢失。运行一些软件时可能提示少了某些 DLL 文件，直接从其他计算机或网上找到缺少的文件放入系统即可。

4. 硬盘剩余空间太少。不要把系统盘的空间占得太满。

5. 启动的程序太多。计算机的承受力是有限的，运行的程序少自然系统就快，注意经常优化系统。

8.5　维护维修案例

本节将介绍一些维护维修的案例，让读者可以更好地熟悉计算机维护、维修。

8.5.1　分区恢复

病毒破坏、非法关机等现象可能造成磁盘的分区丢失。在这种情况下，不要直接重新分区，拿出我们做好的 U 盘启动盘来试着修复。用 U 盘启动到 PE 界面（装系统时已学习过了），打开分区软件 DiskGenius，看到的是一个空的硬盘，单击【搜索分区】进行分区恢复操作，具体过程如图 8-4、图 8-5 和图 8-6 所示。

扫码看视频教程

图 8-4　开始分区恢复

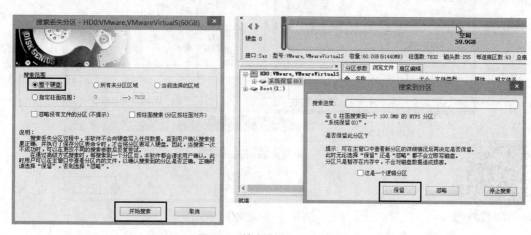

图 8-5　搜索分区、保留分区

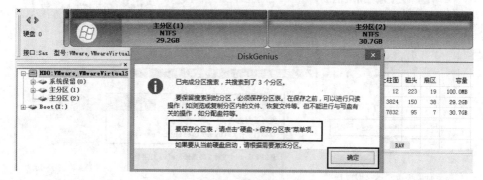

图 8-6　恢复成功

8.5.2　文件恢复

有时候我们会不小心误删文件，遇到这种情况不要着急，马上把计算机关机。和恢复分区一样，用

U 盘启动到 PE 界面，打开软件 DiskGenius，选择删除了文件的分区，单击【恢复文件】进行文件恢复操作，具体过程如图 8-7、图 8-8 和图 8-9 所示。

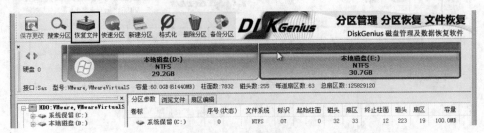

图 8-7　开始恢复文件

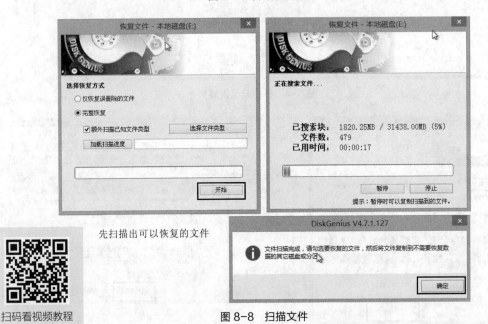

先扫描出可以恢复的文件

扫码看视频教程

图 8-8　扫描文件

右键单击要恢复的内容
选择功能执行

图 8-9　恢复文件

不要在误删文件的分区写入数据以及执行软件（执行软件也可能写入数据）。写入数据就会破坏被误删的文件。恢复的文件在存放时也要放到其他分区。

8.5.3　磁盘引导修复

有的计算机安装了还原软件，在重新安装完 GHOST 版 Windows 系统后，结果却启动不了。这种情况一般是磁盘引导的问题，进行磁盘引导修复就可以了。和恢复分区一样用 U 盘启动到 PE 界面，打开软件 DiskGenius，单击【硬盘】下的【重建主引导记录（MBR）】菜单项，具体如图 8-10 所示。

扫码看视频教程

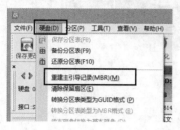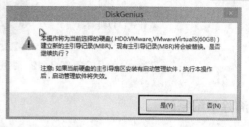

图 8-10　磁盘引导修复

单击【是】按钮后，程序将用软件自带的 MBR 重建主引导记录。重启后，Windows 系统就能正常启动了。

8.5.4　系统引导修复

病毒破坏等原因会导致系统启动时异常，提示要修复才能启动。遇到这类情况，试着用 U 盘启动到 PE 界面，进行 WIN 引导修复。具体过程如图 8-11 所示。

扫码看视频教程

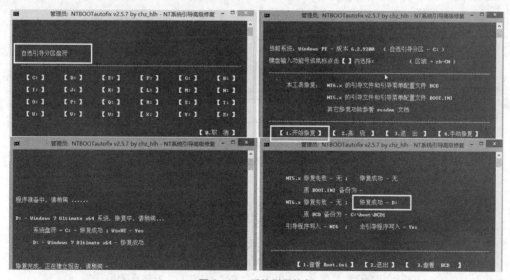

图 8-11　系统引导修复

8.5.5　清除主板密码

设置主板密码可以提高计算机安全性，可是如果把密码忘了怎么办呢？不用担心，下面学习清除主板密码的方法。

首先断开电源线，打开机箱，找到主板上的 CMOS 电池，将其取下，CMOS 将因断电而失去内部存储的信息。再接上电池，密码已清除，包含其他保存在 CMOS 中的数据也被清除了。笔记本电脑也是可以按此方法清除主板密码，但是拆机比较麻烦。

有些主板有密码保护，拔电池也清不掉密码，那就必须使用跳线法，如图 8-12 所示。

按钮式：按了清除
双针式：短接清除
三针式：换位清除

图 8-12　跳线法

8.5.6　清除系统密码

把系统密码忘记了怎么办？不用重装系统，用工具清除密码即可。用 U 盘启动到 PE 界面，运行登录密码清除软件清除密码，具体操作如图 8-13 所示。

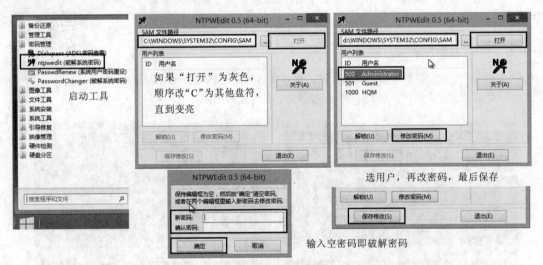

图 8-13　清除系统密码

扫码看视频教程　　扫码看视频教程　　扫码看视频教程

8.5.7　启动加速

很多人都会遇到这样的问题，刚装好的系统速度挺快的，用久了感觉速度越来越慢，原因是多方面的。随着软件的安装，系统开机启动的程序和服务越来越多；磁盘上的文件碎片也越来越多；系统可能启动了有问题的程序。现在有各种各样的优化软件，其实系统自带的功能（系统配置实用程序）就能解决很多问题。运行 msconfig，具体操作如图 8-14 所示。

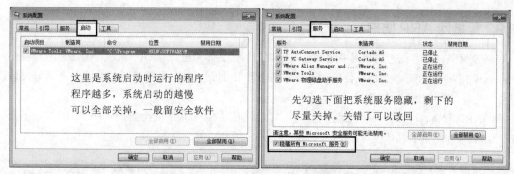

图 8-14　msconfig 优化系统

通过 msconfig 可以关掉不需要的程序，也可以发现有问题的程序。而碎片则可以通过系统自带的磁盘碎片整理程序进行整理，具体操作如图 8-15 所示。

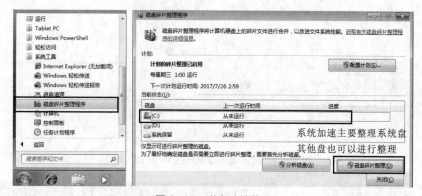

图 8-15　磁盘碎片整理

8.5.8　重置 IE 浏览器

有些时候 IE 浏览器会出现一些意想不到的问题，当不知道该如何解决的时候，重置 IE 浏览器的设置是一个非常不错的方法。重置 IE 浏览器可以让浏览器恢复到最初的状态。在【控制面板】中打开【Internet 选项】，具体操作如图 8-16 所示。

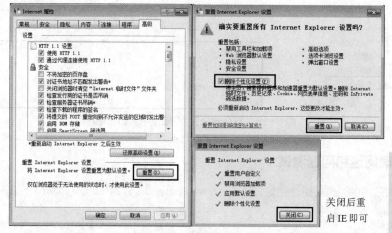

扫码看视频教程

图 8-16　重置 IE 浏览器

8.5.9　局域网 ARP 防护

ARP 欺骗是一种存在于局域网中的恶意欺骗攻击行为，如果进行"ARP 欺骗"的恶意木马程序入侵某个局域网中的计算机系统，那么会导致该局域网出现 IP 地址冲突、频繁断网、IE 浏览器频繁出错以及系统内一些常用软件出现故障等问题。

针对 ARP 欺骗，可以开启防火墙进行防护。以目前国内最常用的安全防护软件"360 安全卫士"和"腾讯电脑管家"为例，具体设置如图 8-17 和图 8-18 所示。

图 8-17　腾讯电脑管家开启 ARP 防火墙

图 8-18　360 安全卫士开启 ARP 防火墙

8.5.10　管理网速和网速测试

有很多的网站提供测速功能，例如，https://wangsuceshi.51240.com/，其操作如图 8-19 所示。

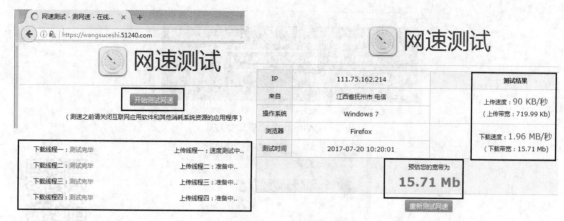

图 8-19　网速测试

　　虽然网络的带宽不低，但是有时候连打开网页都很慢，带宽用哪去了呢？下面将学习用流量防火墙进行带宽控制，如图 8-20 所示。

图 8-20　带宽控制

8.5.11　Winsock 修复

　　有时会遇到这样的情况：局域网完全流畅，可以资料共享，却不能上网；可以登录 QQ，但无法连接外网；局域网、外网全部无法连通。遇到这些情况可以尝试进行 Winsock 修复。可以使用命令方式，也可以使用工具。使用命令方式，进入 CMD 方式，运行 netsh winsock reset，效果如图 8-21 所示。修复工具比较适合 Windows XP 系统，具体如图 8-22 所示。

图 8-21　Winsock 修复命令方式

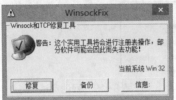

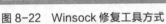

图 8-22　Winsock 修复工具方式

扫码看视频教程

8.5.12　手动修复驱动

某个设备出现异常，打开设备管理器，却发现驱动好像是正常的。这种情况下，可以试着把以前用过的驱动恢复过来，设备恢复正常的可能性很大。具体操作如图 8-23～图 8-25 所示。

图 8-23　手动修复驱动 1

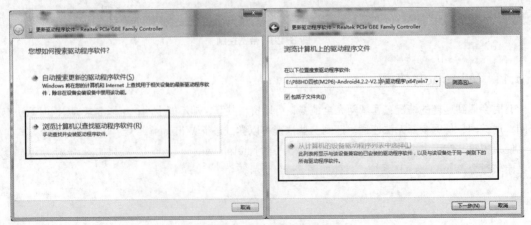

图 8-24　手动修复驱动 2

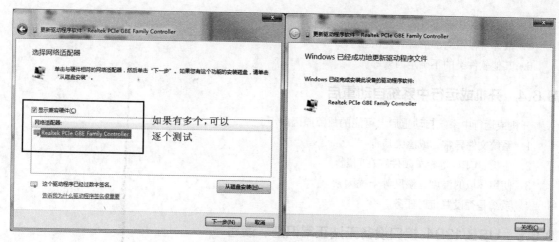

图 8-25 手动修复驱动 3

8.6 笔记本电脑故障诊断案例

扫码看视频教程

本节将专门介绍笔记本电脑的故障诊断方法,让读者可以更好地熟悉笔记本电脑的维护、维修。

8.6.1 开机不加电,无指示灯显示

按下笔记本电脑电源开关,开机指示灯没有显示或者无法维持,应按以下步骤查找问题。

1. 拆除系统电池和外接电源,按下开机按钮后,释放静电若干秒。
2. 单独接上标配外接适配器电源,开机测试。
3. 如果到步骤 2 能正常开机,那么就拔除外接电源,安装系统电池,再开机测试。
4. 确认故障件,使用最小系统法进行测试,即维持开机最少部件:主板和 CPU,如果测试能正常开机,可以通过逐个增加相关部件,找出影响故障的部件,或者安装问题;如果仍然无法开机,则可能故障部件为主板、电源板或 CPU,再更换相应部件进行测试。

8.6.2 开机指示灯显示正常但显示屏无显示

如果开机指示灯显示正常,但液晶屏没有显示(注意并非"屏暗")应按以下步骤查找问题。

1. 外接 CRT 显示器,并且确认切换到外接显示状态。
2. 如果外接显示设备能够正常显示,则通常可以认为 CPU 和内存等部件正常,故障部件可能为液晶屏、屏线、显卡(某些机型含独立显卡)和主板等。
3. 如果外接显示设备也无法正常显示,则故障部件可能为显卡、主板、CPU 和内存等。
4. 进行最小系统法测试,注意内存、CPU 和主板之间兼容性问题。

8.6.3 液晶屏有画面但显示暗

如果液晶屏有画面但显示暗,应查找是否存在以下问题。

1. 背光板无法将主板提供的直流电源进行转换,无法为液晶屏灯管提供高压交流电压。
2. 主板和背光板电源、控制线路不通或短路。
3. 主板没有向背光板提供所需电源,或控制信号。

4. 休眠开关按键不良，一直处于闭合状态。

5. 液晶屏模组内部的灯管无法显示。

6. 其他软件类的不确定因素等。

8.6.4　开机或运行中系统自动重启

开机或运行中系统自动重启，可能的故障原因如下。

1. 系统文件异常，或感染病毒。

2. 主板、CPU 等相关硬件存在问题。

3. 使用环境的温度、湿度等干扰因素。

4. 系统是否设置定时任务。

8.6.5　USB/1394 接口设备无法正常识别、读写

USB/1394 接口设备无法正常识别、读写，可能的故障原因如下。

1. 在其他机型上使用相关 USB/1394 设备，如果也无法正常使用，则 USB/1394 设备本身存在问题。

2. 检查主板上其他同类型端口是否存在相同的问题。如果都有故障，可能为主板问题。

3. 检查是否存在设备接口损坏、接触不良、连线不导通、屏蔽不良等设备接口问题。

4. 使用其他型号 USB/1394 设备测试，如果使用正常，可能是兼容性问题。

5. 某些 USB/1394 设备的驱动程序是否正确安装。

8.6.6　液晶屏"花屏"

液晶屏"花屏"，可能的故障原因如下。

1. 如果开机时的 LOGO 画面液晶屏显示"花屏"，连接外接显示设备，如果能够正常显示，则可能液晶屏、屏线、显卡和主板等部件存在故障；如果无法正常显示，则可能故障部件为主板、显卡、内存等。

2. 如果是系统运行过程中，不定时出现"白屏、绿屏"等故障，通常是显卡驱动兼容性问题所导致。

8.6.7　系统内外喇叭无声、杂音、共响

系统内外喇叭无声、杂音、共响，可能的故障原因如下。

1. 系统内置喇叭无声，外接喇叭输出正常，可能故障原因为内外喇叭接口损坏或内置喇叭、主板（部分机型含声卡板）、连接线未接导致屏蔽等。

2. 系统内置、外接喇叭同时无声，可能为主板、声卡驱动等相关问题。

3. 系统内置、外接喇叭同时发声，可能外喇叭接口损坏、主板（部分机型含声卡板）、连接线未接导致屏蔽等问题。

4. 系统音频播放杂音，可能为内置喇叭、主板（部分机型含声卡板）、驱动等存在问题。

8.6.8　网络无法连接

网络无法连接可能的故障原因如下。

1. 网线连接不通，网络图标出现"红叉"，显示网络不通，可能是主板、网线、相关服务器和其他软件存在问题。

2. 虽然显示网络已连接，但是无法上网，可能是主板、网线、相关服务器和其他软件设置存在问题。

3. 有些网页能够连接，有些连接不上，经常断线，可能是网络 MTU 值不对。

8.6.9 触控板（触摸板）无法使用或者使用不灵活

触控板（触摸板）无法使用或者可能的故障原因如下。

1. 触控板无法实现鼠标键盘类相关功能，可能为快捷键关闭或触控板驱动设置有误、主板或触控板硬件存在故障、接口接触不良问题或其他软件设置问题。

2. 使用过程中鼠标箭头不灵活，可能是机型问题、使用者个体差异或触控板驱动等软件问题。

8.6.10 笔记本电脑维护注意事项

1. 笔记本电脑在遇到故障，自己不能解决时，不要盲目拆机，否则对笔记本电脑伤害很大。

2. 平时应该注意笔记本电脑的日常保养，经常清理系统垃圾，更新驱动，不要在极端环境下使用。

本章总结

通过本章的学习，读者可以基本了解各种故障的分析思路和一些常见故障的处理方法。

练习与实践

【单选题】

1. 下列软件中，哪个可以用于硬盘分区恢复？（　　　）

   A．CPU-Z
   B．GPU-Z
   C．DiskGenius
   D．HDTune Pro

2. 下面哪一项不属于直接观察法？（　　　）

   A．看
   B．闻
   C．听
   D．敲

【多选题】

1. 下列哪些属于故障检测方法？（　　　）

   A．直接观察法
   B．插拔法
   C．替换法
   D．最小系统法

2. 故障分析整体思路有哪些？（　　　）

   A．先问再分析
   B．先软件后硬件
   C．先外设后主机
   D．拆了机子再分析

【判断题】

1. 操作系统密码忘了就只能重新安装系统。（　　　）

   A．对
   B．错

2. 文件被删除了一定可以通过软件找回。（　　　）

   A．对
   B．错

3. IE 异常通过重置功能一般能恢复正常。（　　　）

   A．对
   B．错

【实训任务一】

分区恢复	
项目背景介绍	现实中可能会遇到磁盘分区丢失的情况，这种情况下应该试着找回分区，挽救数据
设计任务概述	1. 删除硬盘所有分区并保存 2. 用软件恢复硬盘所有分区 3. 删除某些文件 4. 通过软件恢复文件
实训记录	
教师考评	评语： 辅导教师签字：_____

【实训任务二】

文件恢复	
项目背景介绍	不小心删错了文件，这种情况下，试着把它找回来，避免损失
设计任务概述	1. 删除某些文件 2. 通过软件恢复文件
实训记录	
教师考评	评语： 辅导教师签字：_____

【实训任务三】

清除主板密码	
项目背景介绍	设置主板密码可以提高安全性，可是要不小心忘了密码怎么办呢
设计任务概述	1. 给主板设置密码 2. 通过拔电池清除密码 3. 给主板设置密码 4. 通过跳线清除密码
实训记录	
教师考评	评语： 辅导教师签字：

【实训任务四】

清除系统密码	
项目背景介绍	系统密码可以提高计算机的安全性，但要是忘记密码就不好了
设计任务概述	1. 设置系统密码 2. 清除系统密码
实训记录	
教师考评	评语： 辅导教师签字：

第9章

计算机的拆装与除尘

学习目标
- 掌握计算机装机的技能
- 掌握计算机的除尘方法

技能要点
- 计算机装机注意事项
- 机箱前面板控制线的连接

实训任务
- 计算机的拆装与除尘

本章导读
■ 计算机的拆装属于学习者的必备技能之一，不仅装新机需要，而且计算机维护、维修也需要。计算机用久了必然需要除尘，除尘也是计算机使用者应该掌握的基本技能之一。

■ 本章通过实战案例的讲解使读者进一步掌握计算机的拆装以及电脑的除尘方法。

效果欣赏

9.1 计算机装机注意事项

本节中将介绍计算机装机（以下简称装机）注意事项，这有助于读者更好地学习装机，尽可能避免错误装机的出现，减少意外的发生。

9.1.1 准备工作

准备计算机配件：一般的台式机就行。

准备工作台：平整的木制桌面为佳。木制材料不导电，也不会太硬。

准备工具：准备大小合适的十字螺丝刀，一般选带磁性的，不带磁性的不能吸住螺丝，操作时会很不方便。

9.1.2 注意事项

避免带电操作：装机要到最后才接通电源，拆机则先断开电源。因为只要接通了电源，配件就处于带电状态，拆装都是不安全的。

避免使用暴力：安装计算机配件时，接口一般都是有规范的。注意观察，一般对得上的就对了，对不上的如果用力是很容易造成配件损坏的。

操作前先释放静电：人体都是带静电的，在操作过程中，人体静电可能会损坏配件，所以要先释放静电。可以用水洗手再擦干，更专业的方法是配戴静电手环，具体如图 9-1 所示。

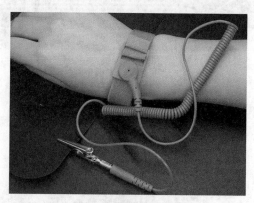

图 9-1 配戴静电手环

9.2 主机安装

各种主机安装起来大同小异，本节以一台台式机的安装为例。

9.2.1 CPU 的安装

一般情况下，应该先把 CPU 和内存条安装到主板上，再将主板装入机箱。主板如图 9-2 所示。上边圈中的插座是安装 CPU 的，下边圈中的插座是插内存条的。

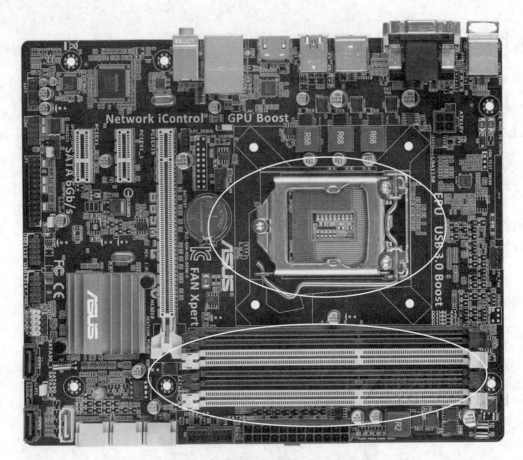

图 9-2　主板

　　这块主板对应的是 Intel 的 CPU，首先将主板放在桌面上，然后松开 CPU 固定卡子，这样 CPU 插座上的盖子就可以打开了。插座中间的是触点，注意不要用手去碰触点。主板的 CPU 插槽如图 9-3 所示。

图 9-3　CPU 插槽

　　CPU 安装到主板是有方向性的，一定要看清楚 CPU 左下角那个金色的三角缺口，这个缺口一定要与主板 CPU 插槽中左下角的黑色三角对应，两者必须重合才可以安装。也就是 CPU 上的缺口要与主板 CPU 插槽的缺口对齐重合，具体如图 9-4 所示。

图 9-4　安装 CPU

将 CPU 安装到主板中后，再把主板上的 CPU 固定卡子卡回原位，这样就固定好了 CPU，如图 9-5 所示。

图 9-5　固定 CPU

CPU 针脚中的缺口一定要与主板 CPU 插槽缺口对齐。如果没对齐，可能会导致 CPU 引脚损坏。

9.2.2　CPU 散热器的安装

CPU 安装好了，接下来安装散热器。先取出 CPU 散热器包装中的一些固定用的小工具，主要有 CPU 散热器固定架，其功能是帮助散热器固定在 CPU 上。本实例使用的这款 CPU 散热器搭配的是非常传统的固定件，塑料袋里是它的固定卡子，具体如图 9-6 所示。

图 9-6　CPU 散热器的固定小工具

把散热器的固定基座在主板上摆好，注意四角的固定圆孔要和主板上的孔位对齐，方便固定，如图 9-7 所示。

图 9-7　固定好散热器的固定基座

然后把白色固定卡子放进 4 个孔位里，如图 9-8 所示。

图 9-8　白色固定卡子放入 4 个孔位中

接下来再把 4 个黑色的穿钉，逐一放进白色的卡子中，实现固定效果，具体如图 9-9 所示。

图 9-9　黑色的穿钉放入白色卡子中

黑色的穿钉并不是螺丝，只要用力向下按压黑色的穿钉，直到听见清脆的"咔吧"可以停了，CPU散热器固定架就成功地固定到主板上了。

把主板背面翻过来检查一下，看看黑色的穿钉是否已经穿过白色的卡子，合格的标志是白色的卡子这一端已经开口，并且透过主板背面固定住。白色卡子和黑色穿钉的固定原理和膨胀螺丝相似，都是另一端裂开，从而抓住被固定面完成固定，如图 9-10 所示。

图 9-10　检查黑色的穿钉

固定好散热器固定架，在安装 CPU 散热器前还要在 CPU 表面涂抹散热硅脂。现在主要有瓶装和注射器两种，其中注射器装置较流行，使用非常简单。将散热硅脂均匀地涂抹在 CPU 表面，涂抹并非越多越好，一般薄薄地涂抹上一层即可。需要注意的是不要有漏掉涂抹的地方，CPU 表面全面均衡涂抹上即可，具体如图 9-11 所示。

图 9-11　涂抹散热硅脂

接下来开始安装散热器了。要注意散热器一定要和 CPU 边缘对齐，观察一下，保证没有没接触到的地方。然后，将散热器两边的卡子（那个方形的开孔就是）向下扣住散热基座外边的突起（基座四周有好几个黑色的块状突起，选一个位置合适的），再观察一下，确保完全扣好，散热器固定好后，就不会晃动，具体如图 9-12 所示。

图 9-12　安装 CPU 散热器

散热器安装完成后，一定要接好散热器上的风扇供电线，这根连接线，需要插在主板相应的插槽上，具体如图 9-13 所示。

图 9-13　散热器风扇供电线路连接图解

主板上一般会写着"CPU FAN"这样的标识，一定不要插错了。所有配件的接线在主板上都有对应的标识，另外注意所有插头和插槽的开口方向和位置要对应好，错了容易损坏插头的针脚。

9.2.3　内存条的安装

CPU 安装完成后，接下来就是将内存条安装到主板上。内存条的安装是很容易的，注意双通道内存一般把内存条插在相同颜色的内存条插槽上。本例用的主板拥有 4 条内存条插槽，其中 2 条是黄色的，另外 2 条是黑色的，安装双通道内存，内存条要么安装在双黄色插槽，要么是安装在双黑色插槽。本例配件如图 9-14 所示。

图 9-14　内存条和主板

由于主板和内存上采用防呆设计，安装时要对齐主板上内存条插槽的凸起和内存条中的凹槽。其具体操作是，首先把插槽两头的卡子掰开。然后将内存条对好，稍微用力向下按内存条的两端，直到听见"咔吧"声为止。再检查一下内存条插槽两头的卡子是否已经完全复位，如果没有复位则再按下内存条，具体如图 9-15 所示。

图 9-15　安装内存条

安装好的内存条，如图 9-16 所示。

图 9-16　安装好的内存条

9.2.4　主板的安装

在将主板模块安装到机箱之前，需要先将机箱中的 USB、VGA 等接口显露出来，找到机箱背面对应的位置掰挡板，建议用钳子（徒手很费劲还容易划伤），具体如图 9-17 所示。

图 9-17　安装前先将机箱中的 USB、VGA 等接口显露出来

接下来把主板安装到机箱内部，首先把金黄色的螺母固定到机箱的主板基座上的圆孔里面（一般有 8 颗）。这种螺母很重要，没有就安装不了主板，使用这种螺母是为了隔离主板和机箱背板，给主板的背部散热创造条件，具体如图 9-18 所示。

图 9-18　安装固定主板的螺母

在机箱中安装好金黄色的螺母后，接下来就可以将主板模块安装到机箱中了，注意挡板和底部金黄色螺母的位置，将主板孔位和金黄色的螺母对好，具体如图 9-19 所示。

图 9-19　将主板孔位和金黄色螺母对应好（注意主板接口与挡板和底部螺丝孔吻合）

接下来，将主板上的固定螺母都拧紧。主板上一般有 8 颗固定螺母，安装完成后，可以稍微摇一摇主板，看看是否已经固定好了。主板一定要固定好，否则容易损伤配件。

主板作为计算机平台核心，将 CPU、散热器、内存条安装到主板上，并且将这个核心模块安装到机箱中之后，组装计算机基本就完成了一半，效果如图 9-20 所示。

图 9-20　主板安装完成

9.2.5　安装显卡

主板核心模块固定到机箱后，接下来就可以安装独立显卡了，显卡安装也是比较简单的，先将显卡安装到主板的显卡插槽，然后将显卡固定在机箱上。

安装显卡之前要先把机箱上的挡板拆掉，否则显卡的接头没法探出来，拆一块还是两块挡板依显卡而定，挡板直接徒手掰掉就行，如图 9-21 所示。

图 9-21　安装显卡前拆机箱挡板

安装显卡前还需要将主板显卡卡槽一头的卡子打开，如图 9-22 所示。

图 9-22　打开显卡卡槽一头的卡子

显卡的卡槽也有防呆设计，安装显卡时，将显卡金手指上的凹槽与主板卡槽凸起的位置对齐，位置如图 9-23 所示。

图 9-23　显卡的卡槽

对齐后，直接用手向下按显卡，直到听见一声响为止，要确认插槽的卡子已经复位。再把显卡一头的两个圆孔和机箱挡板上的两个圆孔对齐，拧好两颗螺母，用手试一下，显卡不晃动就可以了。显卡固定如图 9-24 所示。

图 9-24　显卡的固定

9.2.6　安装电源

电源安装是比较简单的，安装时要注意走线和硬件供电线路的连接。

将电源上的螺丝孔和机箱位置的螺丝孔孔位对好，再使用螺丝固定住。一般电源有 4 个螺丝孔，先安装对角的两个螺丝，再安装另外两个螺丝。电源安装效果如图 9-25 所示。

图 9-25　安装电源

9.2.7　连接供电线路、跳线连接

计算机安装完成后，下一步就是线路连接了，主要涉及显卡、主板、硬盘、机箱跳线（包含开关机控制线，机箱 USB 和音频接口）的连接，其实这些线路连接并不难，注意细节一步一步操作即可。

首先介绍显卡供电线路连接，显卡上只有一个 6pin 供电插槽，只要找到电源接头中的 6pin 接口，将它插入显卡 6pin 插槽即可。连接的时候，要注意方向。这种多孔位的每个小孔的方向都不同，对错了不仅插不上，而且容易插坏。具体如图 9-26 所示。

图 9-26　将电源上的 6pin 接头插入显卡 6pin 插槽

然后再进行主板供电连接，找到电源接口中 24pin 接口，这个是电源中最大的一个，而且主板电源线的接头是两个：一个大的很长，一个短的较小，对应的主板插槽孔位也是这样的设计，这两个接头要并排紧挨着插上去才行。将这两个供电插头插入主板供电插槽即可，具体如图 9-27 所示。

图 9-27　主板供电连接

　　现在的主板 CPU 一般都需要额外供电，CPU 额外供电连接，如图 9-28 所示。有的主板 CPU 供电设计为 4pin 的，有的设计成 8pin 的（为了加强 CPU 的供电而已），电源为了兼容这些设计，就把 CPU 供电设计成了 4+4pin，如果主板上只有一个 4pin 插槽，那么电源上的 CPU 供电线随便插哪组都行。

图 9-28　CPU 额外供电连接

　　机箱带有 USB3.0 接口，需要单独的 USB3.0 供电线，插头插在内存条左边的黑色插槽中。USB3.0 接口有一面中间位置带着凸起（安装时识别方向用的，不然也容易插反）。插的时候要对好方向，切不可用蛮力，具体如图 9-29 所示。

图 9-29　USB3.0 接口

音频线及 USB2.0 线如图 9-30 所示，它们在接口上都有防呆设计，先看看它们的接孔顺序，再到主板上找到相应的槽，正确插入即可。

AUDIO，即音频，上面右二少一针，这是防呆设计。

USB 插座，下排右一少一针，这也是防呆设计。

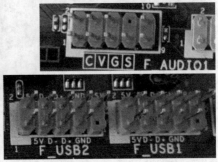

图 9-30　音频线及 USB2.0 线

针对机箱前面板控制线，不同的机箱有着不统一的设计，具体情况具体对待。一般来说电源开关（POWER SW）一般是黄色、白色；电源指示灯（POWER LED）一般是青色、白色；重启指示灯（RESET SW）一般是紫色、白色；硬盘指示灯（H.D.D LED）一般是红色、白色，具体如图 9-31 所示。

接下来就是要将线接到主板相应的插座中，这是一个难点。事实上这步操作有技巧，主板上各个插座，在主板上面都有相应的标识。有些主板的标识标得很乱，从主板上仔细找。本例如图 9-32 所示。

图 9-31　机箱前面板控制线

图 9-32　机箱前面板控制线接线图

根据主板图示，"+"表示正极，则左侧是正极，右侧是负极。对于线来说，一般白色为负，彩色为正。

9.2.8　安装硬盘

硬盘安装比较简单。硬盘上有两个接口，一个接口接数据线，将硬盘和主板上的 SATA 接口连接，用于硬盘与主板之间数据传输；另一个接口拉电源线，给硬盘供电。

如图 9-33 所示，硬盘数据线和电源线接口都是一种长长的"L"形的设计。

先把硬盘固定到机箱上，硬盘安装可能需要固定用的卡子（机箱的配件）。一般是机箱的一堆配件里带的。如图 9-34 所示，上面有几个凸起的圆点，需要将其和硬盘侧面的圆孔对齐，把两边的两个卡子安装在硬盘的两侧，然后将硬盘固定到架子中。

图 9-33 硬盘数据线接口

图 9-34 固定硬盘

固定好硬盘后，把数据线和电源线都接上，效果如图 9-35 所示。

图 9-35 连接硬盘数据线和电源线

硬盘数据线的另一头要接到主板的 SATA 接口上。

9.2.9 机箱散热风扇供电连接

现在很多机箱是带有散热风扇的，其供电连接如图 9-36 所示。

图 9-36 机箱散热风扇供电连接

9.2.10 整理布线

线路连接完成后，电源上没用到的接头一般还剩很多，要放在机箱的角落里。用卡子捆扎一下会更整齐。

整理机箱的走线，不同的机箱是有差别的。一般的走线原则是：能不在主板前面暴露的就不暴露，能走背板的尽量走背板，这样看着清爽。本例效果如图 9-37 所示。

图 9-37 整理布线

9.2.11 补充说明

计算机常用的固定螺丝主要有 3 种，如图 9-38 所示。左边是一种粗牙螺丝，一般用于固定机箱、电源、显卡等扩展卡；中间是一种细牙螺丝，一般用于固定主板；右边是另一种粗牙螺丝，一般用于固定硬盘。

图 9-38 各种螺丝

扫码看视频教程　　　　扫码看视频教程　　　　扫码看视频教程

9.3 计算机除尘

计算机主机内部容易吸附灰尘，本节学习计算机除尘事项。

9.3.1　除尘工具

因为风冷散热的关系，机箱中风扇和一些硬件，自然而然地成为了藏污纳垢之所。长期不清理灰尘会影响主机性能，而且过多的絮状物可能造成元器件故障。

工欲善其事，必先利其器，除尘应提前备好工具。对于拆机来说，一把十字螺丝刀即可。但对于清洁和组装工具，还需要准备刷子、气吹、橡皮、胶带和硅脂等。有条件的还可以准备一块超大鼠标垫、一些备用螺丝和扎带，具体如图 9-39 所示。

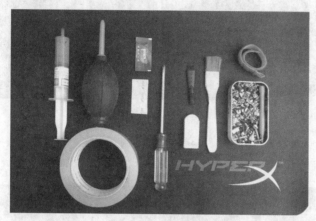

图 9-39　除尘工具

9.3.2　除尘事项

对于主板除尘，最简单的就是用强力吹风机吹一下，如果条件不具备的话，也可以用刷子来清理各个插槽，边刷边吹。插槽是很容易进灰的，很多人除尘时没有清理插槽内部，从而导致重新安装硬件后无法开机。其实主板是可以水洗清洁的（用自来水就可以），但清洗完后一定要晾干才能正常使用，不推荐新手使用这种清洁方法。主板和内存清洁如图 9-40 所示。

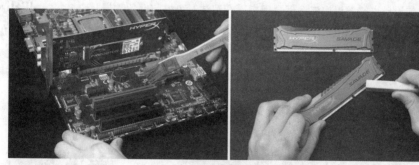

图 9-40　主板和内存清洁

注意在清理金手指时不要把金手指抠掉了。内存金手指就是与主板内存插槽连接的一排金黄色铜片，清理时可以用橡皮反复擦拭，直到金手指出现光亮的色泽，这样附着在金手指上的氧化物就被清除掉，去除氧化物后内存条与内存插槽之间就能保持良好的接触。示例中使用的是 HyperX 高速内存，存储颗粒上覆盖有散热片，无需对内存颗粒进行清洁。如果是普通的内存条，清洁存储颗粒时要注意力度，切勿损坏贴片电容。

散热器是主机里灰尘集中的重灾区，可以尝试拆掉风扇后水洗金属部分的散热器，清洗完毕后要记得晾干，或者使用电吹风机吹干。对于新手，建议使用传统的刷子和气吹除尘法。清理风扇叶片内外和散热器鳍片时建议在室外进行，或者在室内戴上口罩进行清理。鳍片变形会影响散热效果，因此清理时注意不要用力过猛，具体如图 9-41 所示。

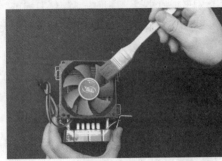

图 9-41　清洁散热器

一般来说硬盘的金手指是不用清理的，但既然完全拆机清理，也可以顺便擦擦。插拔几次排线可以去掉氧化层，同时检查 SATA 线接口是否松动，如有松动应更换一根 SATA 线，具体如图 9-42 所示。

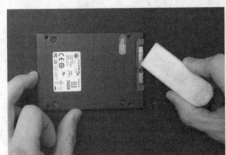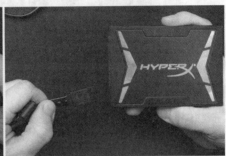

图 9-42　清洁硬盘

PCI-E 接口的设备也需要用橡皮清理金手指。在清洁时可提前准备胶带，胶带反缠露出胶面，可以把毛絮和灰尘粘在上面。避免对硬件的二次污染，具体如图 9-43 所示。

扫码看视频教程

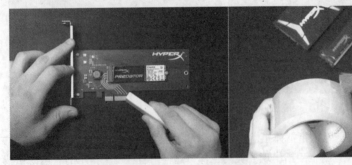

图 9-43　清洁 PCI-E 设备

拆机一般比较简单，新手只要找到螺丝或卡扣，一般都可以顺利完成。因此，清理完的重点就是重新装回去，再检查是否能够顺利使用。装机可参照上一节的内容。

本章总结

通过本章的学习，读者掌握了计算机装机时的注意事项以及装机的方法。同时对计算机的除尘事项也有了一定的了解。

练习与实践

【单选题】

1. 下列工具中，计算机装机最常用的是什么？（　　　）

A. 万能表 　　　　B. 毛刷 　　　　C. 螺丝刀 　　　　D. 砂纸

2. SATA 接口里面一般是什么形状的？（　　　）

A. "B" 形 　　　　B. "L" 形 　　　　C. "A" 形 　　　　D. "C" 形

【多选题】

1. 下列哪些属于计算机装机注意事项？（　　　）

A. 避免带电操作 　B. 避免使用暴力 　C. 操作前释放静电 　D. 要戴手套

2. 台式机箱前面板控制线一般包含下列哪些？（　　　）

A. POWER SW 　　B. H.D.D LED 　　C. RESET SW 　　D. Power LED

【判断题】

1. 装机一般先将 CPU、内存条装到主板上，再把主板装入机箱。（　　　）

A. 对 　　　　　　B. 错

2. 计算机装机用的螺丝都是一样的，可以随便装。（　　　）

A. 对 　　　　　　B. 错

3. 计算机不需要清理灰尘，因为拆机不安全。（　　　）

A. 对 　　　　　　B. 错

【实训任务】

计算机拆装与除尘	
项目背景介绍	装机是学习者的必备技能，除尘也是日常技能
设计任务概述	1. 把一台主机中配件正确拆卸 2. 对计算机机组内部进行除尘操作 3. 将配件组装成主机
实训记录	
教师考评	评语：
	辅导教师签字：_____